火电厂运行安全技术丛书

2020 年版

U0731856

运行

安全管理

高丕俭 编著

中国电力出版社

CHINA ELECTRIC POWER PRESS

内 容 提 要

　　本书是《火电厂运行安全技术丛书》之一。作者根据从事火电厂运行技术与运行管理工作多年积累的安全生产经验，着眼于运行工作特点，比较系统地归纳了运行安全管理素质，安全教育的内容、特点与方法，如何正确执行"两票三制"，安全监督检查与劳动保护管理等内容，并总结了多种现场安全管理方法与实践经验。

　　本书内容理论联系实际，具有较强的实用性和可操作性，不仅可供发供电企业运行人员及从事安全生产的管理人员阅读，也可供电力企业各专业人员学习参考。

图书在版编目（CIP）数据

　　运行安全管理/高丕俭编著.—北京：中国电力出版社，2007.1（**2020.2 重印**）
　　（火电厂运行安全技术丛书）
　　ISBN 978-7-5083-4879-7

　　Ⅰ.运… Ⅱ.高… Ⅲ.火电厂-生产设备-运行-安全管理 Ⅳ.TM621.9

　　中国版本图书馆 CIP 数据核字（2006）第 124445 号

中国电力出版社出版、发行
（北京市东城区北京站西街 19 号　100005　http://www.cepp.sgcc.com.cn）
三河市百盛印装有限公司印刷
各地新华书店经售

*

2007 年 1 月第一版　　2020 年 2 月北京第四次印刷
850 毫米 X 1168 毫米　32 开本　6.25 印张　163 千字
印数 5001—6000 册　　定价 20.00 元

安全是生命之源、生存之本,"安全第一"是电力企业长期遵循的方针,安全责任大于天。"生产必须安全,安全促进生产",保证安全生产是发供电企业各项工作的重中之重。

由于电能的生产、流通和消费以电网形式紧密相连,产、供、销瞬间同时完成,以整个电网服务于社会,电能生产的高度连续性,决定了任何部门或任一工种发生事故都将影响全厂乃至全电网的安全发供电及电能质量。作为人称发供电企业半壁江山的运行部门,随着电网大容量火电机组的不断投运和现代化管理要求的不断提高,运行管理尤其是运行安全生产在企业各项工作中的重要性也越来越突出,不断探索运行安全管理,提高运行安全技术素质就越发重要。作者为满足发供电企业运行安全生产的需要,举集体之力,精心编写了《火电厂运行安全技术丛书》,分为《运行安全管理》、《电气运行安全技术》、《汽机运行安全技术》、《锅炉运行安全技术》四个分册。

本套丛书的作者都是多年从事运行技术与运行管理工作的人员,具有十分丰富的现场运行安全与管理经验。作者结合运行安全管理与机、炉、电运行工作的特点,从运行安全素质,劳动保护,运行分析,"两票三制",事故的预防与运行处理,安全管理方法与实践等方面搜集素材,编写出紧扣运行安全生产的《火电厂运行安全技术丛书》,具有很好的实用性和可操作性。深信本丛书对搞好电力安全生产,实现安全、可靠、稳定、连续发供电的目标有所帮助。

《运行安全管理》分册内容,是《火电厂运行安全技术丛书》的总纲,主要内容包括:运行安全管理素质,各层次运行人员的安全技术与管理要求，如何正确执行"两票三制"，安全监督检查的形式、内容、方法，劳动保护管理，运行安全考核办法，安全教育的内容、特点与方法，运行重点反事故措施，安全管理方法与实践经验等。各部分内容叙述均有独特的特点。

　　鉴于作者水平与时间所限，书中难免有疏漏和不妥之处，恳请广大读者批评指正。

作 者

2006 年 8 月

第一章 安全素质

第一节 运行部门领导的安全管理素质

运行部门是发供电企业的重要生产部门，对发供电企业的安全生产负有重要的直接责任。运行部门领导必须具备良好的安全管理素质。

一、安全素质好，组织能力强

具有较高的安全思想水平与工作能力，熟悉电力安全规程、制度和技术法规、规定，掌握主要设备状况、重大缺陷和薄弱环节，掌握运行生产过程主要危险源与作业危险点，始终把安全生产放在第一位，安全责任心强，自觉遵章守纪。善于指导、协调、监督运行安全生产工作；善于对员工进行针对性安全思想教育；善于做好员工思想工作，化解对安全的矛盾情绪；善于抓住运行生产过程的安全关键性问题并主动采取对策。组织每项安全工作时，计划准备到位，检查监督到位，验收把关到位；组织专项安全活动时，有计划、有措施、有检查、有落实、有整改、有考评；组织事故处理时，坚持"四不放过"原则，真正做到：查找事故原因能水落石出，处理事故责任者有切肤之痛，接受事故教训刻骨铭心，落实事故防范举一反三。

二、以身作则，率先垂范

对安全工作身先士卒，"事必躬亲"。对安全偏差、安全生产状况心中有数；对安全偏差的整改心中有数；对安全生产成果、整改效果心中有数。亲自布置运行安全生产工作，主持召开安全分析会，对上级下达的安全文件、通报提出具体实施意见；亲自到现场协调解决安全生产存在的突出问题，检查落实重点"两措"和安全整改措施；亲自主持事故和严重异常不安全现象的调查分析，落实"四不放过"原则。坚持以人为本，上下同心，调动员工安全生产工作积极性，使员工做到关心安全、重视安全、我要安全、我懂安全、我会安全，努力实践"掌握事故发生的规律，抓住事故隐患，对事故超前预测、预控、预防。除了不可抗拒的自然因素外，任何事故都将避免"。

三、善于管理，严格管理

狠抓"两票三制"的执行，组织制订并落实现场反事故措施，落实运行岗位安全职责，落实设备缺陷管理，落实二十五项"反措"重点要求，重点在锅炉防油污染、灭火、液态炉析铁、堆灰、固态炉结焦、汽轮机防超速、烧瓦，电气防误操作、厂用电中断方面把好关，加大现场运行监督与反违章管理力度，闭环控制，偏差考核，并着重从以下四个方面强化运行安全管理。

1. 防止误操作

（1）强化安全意识与责任心教育，剖析事故案例，吸取经验教训，进行事故追忆等，培养自觉遵章守纪，筑牢防止误操作思想的第一道防线。认真执行操作监护制度、运行规程、防误装置管理规定和细则；组织"以防误操作为中心的创安全'五无'（无事故、无一类障碍、无二类障碍、无异常、无差错）考核"竞赛；开展提高操作票拟票一次合格率、千次操作无差错、百次办票无差错活动，结合学习各种操作规定，开展技术问答、运行分析、拟写复杂操作票竞赛，使之能够熟练地写出各种运行方式下的操作票，准确、快速操作，从而提高操作技术水平。

（2）落实执行《操作危险点预控卡》，让操作者明白操作危险点与预控措施，知险避险，方可到现场执行操作。对于预知的重大操作或特殊运行方式改变、重大设备改造后投入试运行的情况，组织专业技术人员提前下达"临时措施"，对操作工作进行指导，合理做出操作安排，提出相应要求及注意事项，做好事故预想等，使值班人员心中有数。

（3）组织进行操作现场动态跟踪检查，发现违规现象，除责令中止操作并通报教育外，严格月度经济责任制考核，而对那些严肃认真执行操作监护制度，多年来千次操作无差错、百次办票无差错，或在操作中纠正差错而保证了安全的有功人员呈报厂部重奖。

2. 提高值班巡检质量

加强巡回检查监督，依据特殊运行方式及季节性特点实行对重要设备、关键部位、薄弱环节以及边远处挂牌，检查并及时收回挂牌情况，按班次个人考核。为提高设备巡回检查质量，及时发现设备缺陷，制订重要设备安全检查表，细化检查项目、标准及要求、检查情况，要求检查时核对项目，按要求逐项打"√"，对异常现象打"×"，并简要记录异常情况，输入微机设备缺陷双联单或汇报值长联系处理。

3. 加强岗位运行分析

各控制室设置运行分析记录，对设备的运行状态、运行方式、设备缺陷及不安全情况进行综合分析。由专业技术人员每天审阅分析情况，并做专业分析及评价，组织阶段性"运行分析"考试，提高技术素质，每月对各班组做一次评比，给予一定的奖惩。促使各岗位人员了解异常情况的前因后果，做好事故预想，防范可能的事故发生，也为检修的异常缺陷处理提供方便，确保安全。

4. 提高事故处理能力

加强运行技术培训，熟悉信号掉牌指示，掌握事故处理应变能力。抓好岗位运行分析，针对现场异常与特殊运行方式由专业下达反措，结合当天运行方式与季节性特点做好事故预想，每季组织一次反事故演习，每年举办一到两期事故处理培训班。开展事故处理讲、评、考、问活动，促使事故处理能力由经验型转向知识型。

第二节　运行安全员的安全管理素质

运行安全员是运行安全生产过程的监督者，也是落实运行部门以及厂安监部门安全工作的组织者，是运行主任安全工作的助手，负责运行部门日常安全工作管理，直接对运行主任负责。运行安全员必须具备以下安全管理素质。

一、爱岗敬业

安全工作是一项非常具有挑战性的工作，安全员必须热爱安全工作，具有解决困难的激情，即敬业精神。要有对自己工作负责、对安全负责、以保护员工安全为工作目标、树立"我是员工安全保护神"的思想，积极、主动、自觉地为实现对员工的保护发挥作用。

二、安全素质好

1. 良好的身体素质与心理素质

安全工作是一项既要腿勤又要脑勤的管理工作，跑现场，查隐患，处理违章，事故调查分析、取证，都需要良好的身体做保证。安全员的工作特点又决定了必须具有豁达的性格，工作中能巧而不滑，智而不奸，踏实肯干，勤劳愿干。坚持原则，不怕得罪人，不怕被误解、被憎恨，具有"宰相肚里能撑船"之风范，意志坚强，具备良好的心理素质，时刻保持对安全员职业积极的工作热情。

2. 较高的安全技术与能力

掌握现代安全管理知识，熟悉发电运行生产各系统与危险源、操作危险点与预控措施；熟悉所管辖主要设备的结构、性能和易发生故障的原因及预防措施；熟悉《安全生产法》、《电业事故调查规程》、运行安全生产主要规程制度、安全监测技术、劳动保护和安全技术。善于学习，不断提高自身的管理水平及组织、分析、写作能力，提升处理问题、解决冲突的能力，做到解决矛盾时能有的放矢、依据充分、以理服人。

三、安全监督管理到位

（1）认真组织部门春、秋季安全大检查，二十五项反事故重点要求与节日前安全专项检查，以及安全月活动，落实查出问题的整改与考核。对上级下发的安全生产方面的规程、制度及事故通报等及时下发到班组，并提出具体的学习意见与落实要求。

（2）每月组织运行班组长以上人员参加一次安全分析例会，传达上级安全工作精神、学习事故安全通报、总结上个月的安全情况与简要分析近期系统事故情况通报，并提出落实下个月的安全工作要求。

（3）与培训员共同组织做好安全技术培训和安全教育工作，进行安全知识考问、安全规程与运行规程培训考试、事故预想、反事故演习等，凡不合格者控制不得上岗。

（4）每天深入运行现场检查工作，落实"两票三制"、"反习惯性违章"、"反不适当操作"的执行情况，设备运行情况，劳动保护用品、安全工器具的使用情况。对不安全现象、隐患及时提出改进意见，及时制止违章作业、违章指挥、违反劳动纪律行为。

（5）各专业进行大型试验或复杂操作时，提前进入作业现场，检查"两票"执行和准备工作情况，严防误操作事故发生。

（6）坚持原则，不讲私情，坚决制止不安全行为，做到奖罚分明，严格按制度兑现。坚持参与事故调查，按照"四不放过"原则，调查分析事故，及时准确地查清事故原因，查明事故性质和责任，总结事故教训，组织制订并落实防范措施。

第三节　运行技术人员的安全管理素质

运行技术人员是运行部门的中坚力量，是落实安全组织措施与技术措施、解决安全技术难题的内行专家，是组织落实部门安全管理要求的专业管理者。运行技术人员必须具备以下安全管理素质。

一、安全责任心强

爱岗敬业，遵章守纪，有高度的安全责任心。工作以身作则、率先垂范，把功夫下在现场，时时处处关心分管设备与岗位作业的安全，全面了解与掌握分管设备的运行状况、不安全因素、作业危险点，依据运行状况督促岗位人员合理调整最佳运行方式，督促检修部门及时消除设备隐患，对危及人身、设备安全的运行重大隐患，一时难以解决的，及时下达预控措施并落实，尽快创造条件停役检修或建议安排技改。

二、个人素质好

接受能力强，好学上进，有较扎实的专业理论基础，善于理论联系实际解决现场问题，善于应用新技术、新工艺、新方法加强现场安全生产。对本专业分管的运行设备、各种设施、不安全隐患、存在的危险点十分熟悉；对本专业安全规程、运行规程、制度和技术法规、规定十分熟悉；对运行操作与事故处理十分熟悉。掌握专业安全技术与业务技能，具有良好的事故应变处理能力，善于分析和解决技术难题，善于指导现场操作、工况调整、事故处理，能及时编写《运行规程》与反事故措施，是本专业的技术带头人。

三、安全职责落实到位

1. 狠抓安全技术培训

结合运行安全生产实际，以掌握发供电系统及设备构造、性能，熟练操作、判断异常情况，准确处理事故为目标，组织拟定有项目、有问题点、有强化措施的年度培训计划，并做好培训计划的落实工作。主辅岗位对应，签定高一级培训师徒合同，举办安全知识、事故处理等专题培训班，有针对性地开展各专业运行知识与操作竞赛，进行事故预想及反事故演习等，落实激励机制。在培训方式上采用技能鉴定、上仿真机、考问讲评、专题讲座、技改设备一事一培训、典型引路等方法，提高运行人员的安全技术素质。

2. 强化技术监督

做好运行技术管理与技术监督工作。亲自编写与修订《运行规程》，亲自编写年度劳动保护与防护用品措施、反事故措施，亲自编写运行作业危险点预控措施并抓落实；针对运行参数异常，加强运行分析，提出改进意见；针对事先预知的复杂操作、重大方式改变，提前下达安全技术组织措施，必要时到场指导；针对计划设备大、小修，参与设备检修质量监督与验收，凡危及人身与设备的重大隐患，督促有关部门在检修期内消除，重点跟踪；针对特殊运行方式、设备带病运行状态，下达针对性的事故预想措施，落实执行。现场一旦发生事故，及时赶到现场协助事故处理；参与本专业的事故和严重异常以上情况的安全考核调查，主动分析事故原因和提出相应的防范措施，避免类似事故再次发生。

3. 严格"两票三制"

每天深入现场督查"两票三制"执行情况，月度审核统计"两票"合格率与检查"三制"执行登记记录，积极组织千次操作无差错、百次办票无差错、操作票拟票一次合格率与运行分析竞赛活动，有针对性地抽查定期试验工作与交接班制度的执行情况，动态跟踪重要操作，发现违规行为，除了当场制止并批评教育外，严格月度经济责任制考核。

4. 做好安全工器具管理

对安全工器具从采购到使用全过程管理。采购、选型呈送安监部门审查、物资部门定货购置，选定的生产厂家要有国家鉴定的生产许可证，选用的产品具有使用说明书、产品合格证和试验报告等资料。加强使用保管，落实岗位责任，定期做好检查试验，使安全工器具始终处于完好可用状态，凡检验不合格或损坏的产品及时销毁并登账；凡超期没有检验或使用不当的，除追究有关责任者责任外，对所在专业、班组进行月度经济责任制考核。

第四节　值长的安全管理素质

值长是当值发电运行生产的直接指挥者与安全第一责任人，负责当值期间全厂的设备安全运行与可靠备用，领导运行值班人员改变运行方式操作及处理事故，联系检修值班人员进行设备抢修，与系统调度联系等。值长必须具备以下安全管理素质。

一、安全意识强

对运行安全生产有深刻的认识，牢固树立"时时刻刻有安全、分分秒秒要安全"，"安全是第一责任、安全是第一工作、安全是第一效益"的思想，注重把安全生产工作摆到先于一切、高于一切、重于一切的位置上。对本职工作忠于职守，遵章守纪，贯彻执行电力安全方针、政策、法规，落实执行企业的各项规章制度，坚持原则，有章必循，严格管理。

二、安全素质好

熟悉电力安全规程、制度和技术法规、规定，掌握调度规程、运行规程、岗位安全职责，具备良好的四种能力：

（1）理解判断能力：有敏锐的安全分析判断能力，能准确及时地分析出生产异常和事故的原因，迅速判断故障性质，能正确判断和领会规章制度和领导指示，正确调度执行。

（2）决策能力：能够根据上级调度的要求和本值生产实际，对运行工作中重大问题正确决策，能分析判断运行设备的各种故障和预防可能发生的问题；当异常情况发生时有果断采取正确措施的应变能力，并能合理改变设备运行方式。

（3）组织协调能力：有较强的组织指挥能力，能正确组织本值运行人员进行电气倒闸操作和热力系统的切换操作，能熟练指挥运行事故处理，能迅速组织有关人员进行事故抢险工作；能全面协调解决运行各专业之间、运行与检修之间、电厂与电网之间生产过程中发生的问题。

（4）业务实施能力：熟悉本职业务、办事效率高、处事果断、具体问题能具体分析、能独立解决当值生产中出现的生产技术与安全问题，制定并组织实施切合实际的防范措施。

三、安全职责落实到位

（1）熟悉并带头执行有关生产和安全方面的规程、制度、上级指示及命令，检查督促本值人员严格执行"两票三制"与现场规章制度，严格遵守劳动纪律；坚持当班期间到主要车间巡视不少于两次，随时掌握设备运行方式和健康状况。在当值时间内发生事故或发现紧急设备缺陷，而运行人员无法消除的，及时汇报有关领导，并联系各有关部门进行抢修，对不执行或延误时间而扩大事故或增加损失的，向厂部提出考核意见以追究责任。

（2）根据气候变化、设备健康状况、电网及本厂设备特殊运行方式做好事故预想和制定防范措施，针对当值期间，设备出现异常情况或存在缺陷，系统运行方式变化等特殊情况，相应调整所管辖范围内设备合理的运行方式和备用、布置相关的安全事项并做好事故预想，防范事故发生。

（3）全面掌握设备实际运行状况，组织运行有关人员对出现的设备异常情况进行分析，查找原因，并制定落实防止异常扩大的对策。当发生事故时，立即指挥本值人员迅速、果断、正确地进行事故处理，并设法汇报有关领导（包括省调或地调）。

（4）认真审核电气主要操作票和电气一种工作票，并对其正确性负责；认真做好热力检修工作票的审批，对其检修工作必要性和工作期限的控制负责；对于跨专业分管设备的重大和复杂操作，由值长亲自监护，因故无法进行时，通知有关班长落实好安全措施；对于影响安全生产、经济运行和环境污染的三类设备缺陷，负责一抓到底，以确保机组安全连续运行。

第五节　班组长的安全管理素质

班组是企业安全生产最关键、最重要的基层单位，是事故、异常易发地。班组长作为班组安全的第一责任者，是班组的核心，班组长安全管理素质的高低，直接影响班组与企业的生产安全，因此运行班组长应具备以下安全管理素质。

一、安全责任感强

班组长要有高度的责任心，爱岗敬业，安全意识强，工作以身作则、率先垂范，时时事事关心班组人身安全与所辖设备安全。全面了解与掌握所辖设备的运行状况与不安全因素以及员工思想动态，依据运行状况合理调整最佳运行方式，有计划地处理设备隐患与技改，针对员工思想动态，个别谈心、解决实际困难，消除思想矛盾，保持运行设备完好与员工思想稳定。

二、安全技术素质好

班组长身为领头雁，在安全技术方面需要勇于承担重担，要求对本班的设备、各种设施，不安全隐患，存在的危险点十分熟悉，对操作十分熟练，原则上对班组各岗位均能顶班。应珍惜时间，强化安全知识、安全技术的学习培训和安全分析，在不断提高自身素质的基础上，带领班组员工用"挤"和"钻"的劲头来自学、帮学、培训。以师徒合同、以老带新、上仿真机、专题讲座、岗位练兵、事故预想、反事故演习等培训形式，努力学习并掌握专业安全技术与业务技能，提高应变处理与排难能力，攻克技术难关。

三、管理能力强

班组长除了对自己要求严格、技术过硬外，在班组中，一是具备感召力与同心力，即具备指挥能力，善于倾听、采纳班组员工的建议与心声，安全工作中占据主动权；二是能创造班组和谐的工作环境，理顺人与人、人与安全生产间的关系，即具备协调能力；三是能运用有效手段和方法因势利导，对安全工作跟踪布控、控制督导，实施有序的安全工作行为，实现员工零违章，即具备督导能力；四是见微知著、未雨绸缪、防患于未然，将事故消灭在萌芽状态，即具备预测预防能力；五是对班组立规建制，使班组工作有章可循，有法可依，并落实制度的严肃性和强制性，严格奖惩，即以法管人；六是树立威信，令则行、禁则止，利于安全的事即刻去做，违规的事坚决不做，即以威管人。此外，班组长还应把握好以下"五戒"：

（1）戒怒。班组长能力强、水平高、工作细、责任感强，遵章守纪，则员工就少出现失误，即强将手下无弱兵。为此，班组员工有失误，班组长不能动不动只会发脾气，以罚代管，应分析失误原因，分情况采取不同措施，重在预防上下功夫。

（2）戒粗。班组长要细心观察班组员工的情绪变化，随时掌握员工思想脉搏，从关心和爱护员工出发，细致地了解员工的实际困难，帮助解决并把温暖送到员工的心坎上，让班组员工自觉纠正存在的问题，消除对安全生产的不安定因素。

（3）戒软。班组长有魅力，应是敢抓、敢管、敢想、敢干，坚持原则，教育考核并举，坚决制止违规违纪现象，严格杜绝习惯性违章行为，切忌凡事对上级唯唯诺诺，对下级违章行为忍让迁就，否则，既治不好班组，还可能酿成大祸。

（4）戒拙。班组长要掌握一些人际交往的诀窍，在协调安全工作时善于处理同上级、同其他班组、同本班员工之间的关系。具体解决安全思想问题时，多一份真诚，多一份沟通，谈心谈到心坎上，批评能恰到好处，考核按制度执行，赏罚分明，以理服人。

（5）戒孤。班组长要善于听取员工的各种意见，归纳整理治班良策。切忌独断专行、刚愎自用、听不得不同意见、把自己孤立起来。尤其在现场工作中，切忌既不考虑班组员工技术、经验、知识能力和体力，以及思想情绪的变化，也不查清操作对象、作业环境这些客观因素可能带来的不良影响，违章指挥、草率蛮干，不顾安全而导致事故。

四、管理抓住"深、严、细、实、保"

深，即认识深化。牢固树立"安全第一"、"安全无小事"的思想，对安全情况要有"如临深渊，如履薄冰"的危机感与忧患意识。让班组员工充分认识到：安全工作关系重大、责任重大；安全搞不好，企业无宁日、班组无宁日、家庭无宁日、员工无宁日；心存侥幸是万祸之源；安全生产是企业生存和发展的基础，它不仅是经济问题，也是严肃的社会和政治问题，安全工作是各项工作的基础和龙头；当安全与生产发生矛盾时，就是生产"绕道走"也要保安全。

严，即从严管理。班组长敢抓敢管，有章必循，从工作前的着装、劳动纪律的遵守、规章制度的执行，到现场安全技术、组织措施的落实，防护措施的标准化、规范化，凡是不合格的，除了及时纠正或整改外，还将严格考核。对安全监督检查抓苗头、抓异常、抓未遂，把违章行为严格控制在未发生之前。纠正违章现象要事事认真，毫不含糊，整改项目件件落实抓到底，按照"四不放过"原则分析事故，采取有效措施防范事故再发生。

细，即管理细化，防微杜渐。班组长对安全整改和"两措"项目应计划细，认真考虑结合机组大小修安排整改及利用设备停役整改；准备工作细，针对现场异常情况与特殊运行方式做好事故预想，对复杂操作、试验要制订周密的安全组织、技术措施，编写危险点预控卡、试验方案；分析工作细，不忽视一处疑点，不放过一次纰漏，及时发现问题并进行处理。安全细化管理做到：一是善始善终，彻头彻尾抓到底；二是既详细安排，又检查考核，站在全局的高度，突出重点，掌握全面，彻里彻外抓到位；三是横向到边，纵向到底，不留死角，彻上彻下抓到人。

实，即务实、扎实。班组长安全职责到位，狠抓落实，在执行两票中，落实操作票执行、监护、检查到位，落实工作票签发、许可、交底到位。在操作工作中，操作前有预测，操作中有预防，操作后有检查，并能及时有效控制安全。在施工工作中，一是建立严密的组织；二是精心编制施工技术方案及危险点预控措施；三是抓好施工前的安全教育；四是落实各种安全防范措施；五是边实践边总结。

保，即组织、措施、物质保证。一是班组长要为班组配齐安全员，并发挥班组五大员的作用，履行各岗位安全职责，落实组织保证；二是带领班组员工严格执行"两票三制"，实施危险点预控、二十五项"反措"重点要求、安全性评价等，落实安全措施保证；三是在人力、物力、财力等方面，通过新工艺、新技术、新方法加大安全技改投入，完善安全设施、安全工器具，力促设备本质安全化、安全管理现代化，落实物资保证。

第六节　运行值班员的安全素质

运行值班员是企业最基层的一线员工，是运行部门中重要的一员，其安全素质的高低，直接影响部门与企业的安全生产，因此运行值班员应具备以下安全素质。

一、安全意识强

牢固树立"安全第一，预防为主"的方针，严格执行"两票三制"，自觉遵守《电业安全工作规程》、《运行规程》、《安全生产工作规定》、《反违章管理办法》、《安全工器具使用规定》等规程、制度，不违章作业，杜绝习惯性违章。通过自身努力与参加安全教育培训，逐步形成我要安全、我懂安全、我会安全的自觉行动，做到不伤害自己、不伤害他人、不被他人伤害。

二、安全技术素质高

认真学习规程、制度，积极参加技术培训、安全教育、岗位练兵、技术竞赛，努力提高自我防护能力和安全分析、安全认识、解决安全问题的能力；坚持事故预想与反事故演习活动，熟悉和掌握设备的参数、性能，钻研业务知识，努力提高运行维护和处理事故的能力。每位运行人员力争做到：熟悉设备、系统及其运行的基本原理；熟悉操作、事故处理；熟悉本岗位的规章制度；能分析运行状况；能及时发现异常、故障和排除异常、故障；能掌握一般维修技艺。即"三熟三能"。

三、安全职责落实好

认真参加安全活动和班前、班后会，积极提出改进安全工作的意见或建议，严格执行"两票三制"。坚持执行操作监护制度，落实执行操作票唱票、复诵、再操作，落实执行工作票许可制度，落实做好安全技术、组织措施。正确使用、保管好安全工器具，用前要检查，用后及时归位。加强对设备的巡视检查，提高值班巡视质量，看到、听到、闻到或测到设备缺陷或异常时，及时联系检修部门，把事故消灭在萌芽状态；做好防止小动物破坏的防范工作，对控制室、开关室、电缆室、发电机小室等可能进入老鼠等小动物的窗、门、沟、孔洞进行彻底检查和封堵；精心操作，精心调整，认真监盘，设备参数控制在压红线运行；勤巡视，勤分析，及时发现不安全苗头并向上汇报或紧急处理后立即向上汇报。正确处理运行异常，发生事故时不慌乱，未经慎重考虑的处理不执行，准确判断事故，处理正确迅速。力争机组负荷"尖峰顶得上，低谷降得下，平时稳得住"，连续不间断地安全发供电。

四、团结协作好

电力运行作业的技术性与危险性以及系统的安全性与可靠性要求决定了运行岗位作业基本上不能由单人进行，需要团队协作作战。哪怕一项简单的电气操作也要有两人执行，一人操作、一人监护，任一人出现差错都可能发生人身伤害与设备损坏，甚至引发事故，员工中必须有良好的相互沟通、有上乘的默契使之成为一个团结协作的集体。

第二章 安全教育与安全活动

第一节 安全教育的内容

安全教育是企业安全工作的基石，是安全管理的重要组成部分，是提高安全意识与安全技术的重要手段，是强化遵章守纪、养成安全良好习惯的有效措施，是预防发生事故、避免人员伤亡和财产损失的重要基础。对运行人员的安全教育内容应包括安全思想教育、安全知识教育、安全技术教育。

一、安全思想教育

安全思想教育是安全教育的核心与基础，是提高员工安全观念、安全意识和行为规范的重要手段，是加强安全生产自觉性、责任心、积极性的有效措施，其主要内容如下：

（1）安全生产方针、政策、《安全生产法》等法规教育。进行党和国家颁发的安全生产方针、政策、法规教育是提高员工对安全生产认识的最好内容。

（2）劳动纪律和制度教育。纪律包括劳动纪律、安全纪律、组织纪律、工艺纪律等；制度包括安全生产责任制、安全值班制度、安全检查制度、安全奖惩制度以及安全操作规程等。通过教育让员工自觉遵章守纪，是搞好安全生产的重要手段。

（3）做经常性的思想工作。针对生产活动中反映出来的不利于安全生产的各种思想、观点、想法等所进行的经常性的说服疏导工作。

（4）安全生产经验、事故教训的教育。安全生产中的经验和事故教训是员工身边活生生的教育材料，对提高员工的安全知识与技术水平，增强安全意识具有重大意义。安全生产经验是广大员工从实践中摸索和总结出来的安全生产成果，与经验对应的事故教训是付出了沉重的代价换来的，因而它的教育意义也就十分深刻。

二、安全知识教育

安全知识教育是以提高员工安全素质，增强岗位作业安全可靠性，为安全生产创造前提条件为目的，其主要内容如下。

1. 安全基础知识教育

这是企业中每个员工都必须进行的安全生产基本知识教育，主要内容有：

（1）生产运行系统危险区域和设备的基本知识及注意事项；

（2）生产中使用的有毒、有害原材料或可能散发的有害物质的安全防护知识；

（3）电气安全知识；

（4）转动机械安全知识；

（5）高压容器安全知识；

（6）防火、防爆、防烫伤、防高空坠落安全知识；

（7）个人防护用品的正确使用方法；

（8）作业场所和工作岗位的危险因素、防范措施及反事故应急措施。

2. 安全管理知识教育

运行安全管理知识包含安全管理的理论、手段和方法，如《电业安全工作规程》、《电业事故调查规程》、"两票三制"等。

三、安全技术教育

安全技术寓于生产技术之中，是安全生产的知识、技能和经验，是从事生产人员的应知应会内容之一，是预防事故发生的必备知识，主要内容如下。

1. 生产技术教育

生产技术是安全技术的重要组成部分，要掌握安全技术知识，必须首先掌握生产技术知识，主要内容有：

（1）企业的基本生产概况、生产特点、生产过程、作业方法及工艺流程；

（2）各种设备、机具的性能；

（3）生产操作技能和经验。

2. 专业安全技术教育

专业安全技术是该工种的员工必须具备的安全生产技术和技能。如电工、司机、司炉应具备的安全技术，是安全教育的重点。

第二节　安全教育的特点

坚持安全教育为本，不断提高员工对安全生产重要性的认识，增强安全生产责任感；不断提高员工遵章守纪的自觉性，增强安全生产法制观念；不断提高员工的安全知识与技术水平，熟练掌握安全操作技术要求和处理事故的能力。要做到以上几点，必须认识到安全教育的如下特点。

（1）长期性。作业环境的不同与生产条件的不断变化和发展，员工的不断更替与员工心理和生理的不断变化都决定了安全教育的长期性，安全宣传教育必须贯穿于企业生产的全过程。

（2）艰巨性。员工安全教育是一种在岗培训，需要严格按照各种不同岗位要求确定培训内容，存在教学内容针对性和操作性的难度；安全教育又需要以教学内容与培训对象之间的差距为依据，存在调查确定有补差性和有选择性内容的难度；员工安全教育还具有期限性和连续性，岗位员工不可能长期离开工作岗位，只能一定时期内举办一次短期的教育培训，而这种培训不可能一次就完成，必须定期不间断地进行。

（3）广泛性。企业中任何一个人都有发生事故的可能性，因此进行安全教育必须全员参与；企业生产过程中都有可能存在危险点并有导致发生事故的可能，因此安全教育又必须贯穿全过程；安全教育需要进行安全意识、安全知识、安全技术、安全技能教育，需要根据人员的文化素质、工种分类、安全特点开展有针对性、实效性的教育培训，因此安全教育又必须是全方位的。

（4）实践性。不学习不知，不实际操作不会，但知道了，学会了，不联系实际也不行。只有理论联系实际，根据从成功实践中上升的理论进行安全教育才最具实效性。因此需要根据实际操作特点、现场环境危险源、作业危险点、历年发生的不安全事件、典型事故案例采取相应的教育培训方案。

（5）专业性。安全管理研究各种事故的机理、构成、规律、特点和防治措施，研究应用监测、检查和控制的方法来评价系统的安全性和解决生产中的安全问题。安全教育有自己基本的理论、独特的内容和区别于其他教育的方式、方法，它是一门专业性很强的科学。

（6）针对性。安全教育需要从本单位的实际情况和发展变化出发，有计划、有针对性地对员工进行岗位定向性安全教育培训。在教育培训方法上坚持按需施教原则，紧密结合岗位安全实践，在安全教育培训内容上重在适用性。坚持按岗培训，主次分明，重点突出，对岗位人员尤其要注重安全技能培训。培训内容做到基本知识、专业理论、基本技能相互联系，精选与本专业生产实际操作技能有关的技术理论，着重加强基本操作技能的训练，做到应知应会。

（7）科学性。安全管理是一门科学，在现代安全管理中，它吸收了系统论、信息论、心理学、技术科学等理论。安全教育涉及到自然科学、社会科学、管理科学等学科，其科学性非常突出。

（8）时间性。在安全教育的时间性上，什么时间教育效果最好，有其内在的规律。实践证明，在新员工进厂的时候；员工调岗的时候；时令季节变换的时候；节假日的时候；员工休假返厂的时候；员工受伤复工的时候；生产任务紧急的时候；重大政策出台的时候；运用新原料、新设备、新工艺、新技术、新产品的时候；作业现场发生险情的时候；发生工伤事故的时候；进行工作总结评比的时候进行安全教育，往往能收到事半功倍的效果。

（9）专题性。教育培训需要专题，有专题才能突出重点、把握要点，更具实效。通过安全教育培训专题，每次解决员工一个安全问题，循序渐进，累积成多。以化解安全思想疑惑、提高安全意识、熟悉安全知识、掌握安全技能为出发点，安全教育专题培训必能收到预期效果。

（10）实效性。强调注重效果，学以致用。编写切实可行的安全学习考试教材，内容强调适用性、重点突出、篇幅不宜长，根据岗位日常作业必须掌握的知识、岗位安全规程进行编写，同时兼顾安全生产方针法规、安全生产责任制和安全生产共同遵守的守则来加强安全教育培训。做到安全教育内容常讲常新，教育形式灵活多样，从严要求，把好教育考试关。

第三节　安全教育的方法

安全教育具有预防性、长效性和潜在功能性的特点，加强安全教育工作，需要用好以下"十法"。

一、宣传灌输法

宣传是做好安全工作的先导。利用广播、闭路电视、厂报、电子屏幕、厂局域网等宣传媒体，对员工进行安全知识教育；借助安全月活动大力开展安全舆论宣传，紧紧围绕安全月与"安康杯"竞赛活动主题，进行安全文化教育系列活动；特邀安全专家专题讲座，聘请安监工程师与专业技师传授安全技术与技能。不断灌输"安全第一，预防为主"的方针；深化"安全是第一工作，安全是第一效益，安全是第一责任"的理念；强化安全法制意识，严格贯彻执行《安全生产法》，法律无情，不当儿戏；强化安全责任意识，员工要深知"安全责任大于天"，并身体力行，落实职责到位；强化安全经济意识，安全是最大的效益，安全状况不好，企业经济效益不可能提高；强化"安全第一"意识，既然安全工作是首要责任，安全状况会直接影响企业的经营和发展，发生安全问题将承担法律责任，那么，安全工作就是所有工作的重中之重，必须牢固树立"安全第一"的思想。

二、典型引路法

"榜样的力量是无穷的"，正向的作用引导群体向榜样靠拢。通过表彰宣传典型，激励员工向安全先进典型学习，自觉把好安全生产关。开展年度"安全能手"、"最佳安全监督员"、"万次操作无差错状元"表彰活动，请安全先进典型做报告，用厂报、闭路电视、厂局域网等宣传媒体报道先进典型工作经验、先进事迹，引导先进。善于抓住安全先进典型以及班组员工身边的安全立功事例，及时表扬、大力宣传、激励员工关心安全、重视安全、我要安全、我懂安全、我会安全，营造齐心协力抓安全的良好局面。

三、事故追忆法

"前事不忘，后事之师"。对本行业近年来典型事故案例与本单位历年来障碍以上安全考核事例进行事故追忆。编写包括事故经过、原因分析、事故处理要点、防范措施的事故汇编，在安全网、班组安全活动中组织学习、讨论，举一反三，吸取事故教训；特邀现场经历过事故的老同志现身说法，以史为鉴，警钟长鸣，做到"别人亡羊我补牢"。这种方法采用真人真事，感染力强，震撼力大，极具教育效果。

四、形象教育法

视觉效果是最直接、最形象的。可采用展览图片、闭路电视、安全小品、上仿真机等形式进行具体、形象、直观的安全教育。一是员工上班必经路段设安全文化走廊，插牌展示典型规范操作与正确佩戴防护用品以及不规范操作警示范例图片，宣传"珍爱生命，关心安全"文化理念，图文并茂；二是每期闭路电视增设播放规章制度的条款与安全生产的内容，厂局域网配发图片安全新闻；三是结合部门特点举办安全小品晚会、安全生产故事会，以及现场悬挂提示性、警示性安全漫画；四是企业设安全展览室，展示历年来本单位人为责任事故与二十五项"反措"典型案例图片，配发警示说明，定期组织运行员工参观学习，指定安监员讲解；五是上仿真机操作、事故处理学习培训，依据课题反复操练，直至正确。可见，这种方法形象直观、费时少、记得牢、具有教育收效大的特点。

五、知识竞赛法

以台赛、演讲赛、答题赛等形式组织员工学习规程制度和安全知识，以赛促学，以学促进。像举办以部门为单位参加的"防人身伤害"、"二十五项'反措'重点要求"专题知识擂台赛，分必答、抢答、风险题进行，间隙设台下群众抢答题，台上台下共同参与；开展"关爱生命，远离违章"、"安全在我心中"演讲赛，按台风、内容、教育效果当场评分；组织"以防误操作为中心的创安全'五无'考核"竞赛，以笔试、现场操作方式跟踪考核等。这种方法辐射面广，生动活泼，容易激发员工学习热情，教育效果好。

六、现场考问法

以现场随机抽查与考问形式，对安全规程、现场"反措"、岗位危险点预控措施、运行规程为主要内容进行抽考。每次班前会由班组安全员至少考问一人，每次机组大修前与春、秋季安全大检查中由厂安监员或部门安全员结合内容需要考问员工10％～20％的内容。制作培训卡片，一面是题目，另一面是答案，利用相对空闲的下午班由专业技术员到运行控制室让员工抽取卡片考问，当场讲评。每次考问成绩记录培训档案，当月落实考核，并着重从"三个转变"上下功夫：一是由熟记规程大意向"一字不漏"转变；二是由个别典型"问不倒"向全员"问不倒"转变；三是由单纯背诵规程条文向理解条文并与实际对号统一转变。

七、专题讨论法

以本质安全型企业与实现安全生产可控、在控，长治久安为目标，开展安全专题大讨论。讨论的课题应联系企业实际，针对安全薄弱点、安全重大隐患、安全愿景、近期安全重点工作选定讨论的课题，如进行以"反违章、反事故"、"设备零缺陷、管理零漏洞、人员零违章、考核零宽容、事故零意外"的专题大讨论，讨论结果应达成共识。坚持注重讨论成果的应用，订标准、查问题、下整改措施，把措施贯彻到底。要发动员工从"严"字上下功夫、从"细"字上见精神、在"改"字上做文章、在"实"字上见成效。由于讨论方式是引导员工自己解决安全问题的有效方法，员工往往也更容易遵守自己讨论制定的制度与处理规则，因此，能收到较好的教育效果。

八、活动渗透法

以安全生产为中心，结合实际开展活动。一是安全月与"安康杯"竞赛活动。积极开展"关爱生命，远离违章"承诺签名、"安全——亲人的嘱托"、"违章现象大家谈"研讨，在安全月中查一起事故隐患、提一条合理化建议、看一本安全技术书籍等"十个一"活动，加强安全文化建设。二是春、秋季安全大检查。以查领导、查思想、查纪律、查规程制度、查隐患、查措施为主要内容，以反"三违"、预防人身伤害事故及专业性设备安全检查为重点，突出季节性特点，集中力量解决现场安全生产方面的突出问题。三是安全性评价。通过内容全面、规范而且量化的拉网式安全性检查评价方式，控制查评出设备系统、劳动安全与作业环境的危险因素、安全管理的漏洞，强化企业的安全基础工作。四是反事故演习。以实际操作与现场模拟故障处理的形式进行，演习前拟定计划措施，演习过程派人监护，演习后进行专业评价，并提出正确的事故处理意见。通过形式多样的安全主题、专题活动，寓教育于活动之中，受教育于熏陶之时，必将增强员工的安全意识与安全素质。

九、警示警钟法

以生产现场悬挂警示牌或张贴安全警句的形式，告示员工注意安全。比如，在出事地点悬挂具有事故简况说明并配有警钟图案的警示牌，在高温高压管道上悬挂"高温危险，小心烫伤"、在高压电气设备网栏上悬挂"止步，高压危险"、在开关室与发电机小室墙面上悬挂"当心触电"、在氢冷机组区域悬挂"氢冷机组，严禁烟火"、在厂区高层建筑出入口悬挂"当心落物"等警示牌。并在危险工作场所与行人、车辆多地段，张贴醒目并符合场境的如："心存侥幸，万祸之源"、"违章作业等于自杀，违章指挥等于他杀，违章不制止等于见死不救"、"珍惜生命，勿忘安全"等安全警句标语。这样，员工每天在工作场所与上下班时看到，无疑起着潜移默化的警示教育作用。

十、规制考试法

以规程、制度、"反措"为主要内容进行辅导考试与持证上岗考试，以考促学。安全规程考试一般四月份进行，运行规程考试一般十月份进行；二十五项反措等专项内容培训考试结合竞赛进行；网上《电业安全工作规程》软件考试采取抽签形式不定期进行；电工、司炉、司机、紧急救护法取证按培训计划安排进行；其他必要的安全培训考试按需要安排。通过考试发现员工规制掌握情况，存在的薄弱点，进一步采取针对性的教育培训，提高安全意识、安全知识与技能水平。这样，必将对提升员工安全素质，提高安全水平发挥较好作用。

第四节 安 全 日 活 动

运行班组每个轮值进行一次安全日活动，活动内容围绕安全工作，联系实际，有针对性，并做好记录，这是《安全生产工作规定》中明确的例行工作之一，安全日活动是运行班组进行安全管理的重要组成部分，是自我安全教育的好形式。

一、安全日活动安排

（1）安全日活动一般安排在倒班休息第一个机动班或上完上午班后进行。

（2）安全日活动由班长主持，班组安全员或副班长记录，活动时间一般不少于两小时。

（3）班组长、班组安全员在安全日活动前要做好充分的准备，如带头发言的内容准备、对照检查的问题准备、启发引导的思想准备。

二、安全日活动的主要内容

（1）学习上级和本企业安全文件，落实上级有关要求；学习事故通报、快报、安全简报，联系班组实际，提出防范措施。

（2）学习本企业安全规章制度、部颁电气（含热机、线路）专业安规以及安全生产责任制、防火管理制度、安全工器具使用管理制度、反违章管理规定、运行反事故措施、运行规程等。

（3）对本班组一个运行轮值安全状况进行分析、讲评、总结，查找工作中存在的不安全隐患，提出整改措施，布置下一个运行轮值安全生产工作。

（4）对照检查年度安全目标和措施，提出存在的问题和整改要求，进行月度安全评价分析、开展事故预想、反事故演习以及安全技术知识考问等。

（5）查评"两票"执行情况，对本班组发生的异常、未遂和违章等不安全现象进行专题分析，从中吸取教训，落实防范措施。

（6）对班组管辖的设备、现场设施检查、分析、研究。

三、安全日活动要求

（1）认真学习上级布置的活动内容，班组人员应全部参加，并亲笔签名，严禁代签。如有缺席应记录在案，特殊原因请假应注明原因，事后补课。

（2）学习内容必须联系运行班组实际，提出问题，找出差距，布置整改，借"他山之石，攻己之玉"，把其他单位发生的异常、事故情况当作自己的事来对照、检查，吸取教训。

（3）运行部门领导定期轮换到各运行班组参加安全日活动，了解、指导班组安全工作，并在安全日活动记录簿上签名。

（4）每个人应做到联系自己，围绕主题热烈发言，发言率不低于80%，主持人对提出的问题和防范措施等进行归纳总结，并记录到安全活动记录簿中，班长签字后交部门安全员审阅。

第五节　安全生产月活动

2002年，中共中央宣传部、国家安监总局、全国总工会、共青团中央决定，每年6月定为"安全生产月"。各企业每年根据上级《关于开展"全国安全生产月"活动的通知》，在全厂范围内积极组织开展"安全生产月"活动，各运行部门按照厂部的计划安排，紧紧围绕安全月活动主题，扎实开展各项工作，为安全生产打下坚实的基础。安全生产月活动已是运行安全管理的例行工作之一。

一、运行安全生产月活动安排

（1）成立运行安全生产月活动小组，由运行部门主任担任组长，由运行各专业主管与部门安全员、培训员担任组员，负责安全生产月活动工作。通过活动组织机构的设置，为安全生产月顺利开展活动提供组织保障，做到各司其职、各负其责，确保安全生产月活动顺利开展。

（2）运行部门依据厂部安全生产月活动方案，结合运行工作特点，由部门安全员负责制定详细的运行安全生产月活动方案，提出具体的活动要求和目标，经部门主任审批后下达到各运行专业与班组，逐项落实，部门监督。

二、运行安全月活动的主要内容

（1）组织安全专项检查。检查的主要内容有：查运行规程、安全制度的执行情况；查习惯性违章情况；查班前会、班后会的开展情况；查安全工器具、电动工器具是否符合要求；查作业人员劳动安全防护用品的使用情况；查操作票、工作票制度执行情况，交接班制、巡回检查制、定期试验与轮换制执行情况；查运行危险点预控措施执行情况；查历次安全大检查发现的问题是否有整改漏项；查员工安全意识是否牢固，是否真正树立"安全第一、预防为主"思想。对安全检查查出的安全隐患，全面落实整改。

（2）学习《安全生产法》、《电力监管条例》等法律法规，集团公司电力生产安全工作规定和奖惩管理办法、集团公司事故调查规程制度等。通过学习和宣传，提高运行人员的安全生产法制观念，熟悉本职工作的法律责任和义务。

（3）梳理安全管理制度。组织力量对使用的运行安全管理制度、运行反事故措施、事故应急预案等进行全面的审查和梳理，并进行必要的补充与完善。通过安全管理制度梳理，使之更加完善，更符合运行生产实际需要，更符合法律法规的要求。

（4）做好迎峰度夏工作。组织员工参加集团公司迎峰度夏视频会议，了解当年公司系统安全生产情况、面临的严峻形势和存在的问题。落实迎峰度夏会议要求，从领导重视、设备运行、防汛、防台风等方面入手，切实做好迎峰度夏工作。

（5）举办安全生产大讨论活动。围绕年度安全生产月活动主题，全体运行人员参与，党、政、工、团各负其责，相互协作，层次分明，共同开展安全生产大讨论活动。通过大讨论活动，剖析安全生产的重要性，研究解决部门面临的安全形势、运行现场存在的薄弱环节与不安全隐患，使全体运行人员深刻理解活动主题的含义，了解"违章操作、违章指挥"的危害，在部门上下形成良好的安全氛围。

（6）开展形式多样的安全活动。参观安全展览室，让员工吸取发生在身边的事故教训；组织员工参加多媒体屏幕安全知识考试、安全防护知识竞赛，提高员工安全素质，增强安全生产意识，提高自我保护能力；开展"习惯性违章行为"征集活动，汇总成册，并通过网页、幻灯片、动画等多种形式进行宣传展示，引导和促进员工正确认识和杜绝习惯性违章行为的发生；开展反事故演习，如黑启动事故演习，以此提高运行人员在电网出现最恶劣情况时的指挥、协调能力，以尽快恢复厂用电、机组及电网运行，为运行安全生产打下坚实的基础。

（7）组织参加"十个一"活动。即安全生产月活动期间，搞一次安全生产签名活动；读一本安全生产的书籍或学一项运行安全规章制度；查一起事故隐患或一起违章行为；看一场安全生产录像片；提一条安全生产合理化建议；忆一次事故教训；做一件预防事故的实事；当一天安全监督员；接受一次安全知识培训；写一篇安全生产体会等。

三、安全生产月活动的要求

（1）领导高度重视，统一部署，亲自组织制订安全生产月活动方案与具体的活动计划，指定专人负责，确保活动有序、正常开展。

（2）充分利用广播、电视、专栏、专刊等形式，力求通过广泛深入、形式多样、声势大、效果好的宣传起到鼓舞人心的作用。

（3）对安全生产月活动做到有计划、有布置、有活动、有检查、有整改、有总结、有考核。

第六节 反违章活动

违章是事故发生的前奏和诱因，违章连锁的必然结果就是事故。90%以上的运行责任事故都是由于违章操作、违章指挥造成的。要实现以"零违章"确保"零事故"的运行安全生产目标，贯彻落实"安全第一、预防为主"的思想，运行部门必须广泛开展反违章活动。

一、反违章活动安排

（1）部门成立反违章管理小组。组长由运行部门领导担任，成员由机、炉、电等各运行专业主管与部门安全员担任，小组负责本部门反违章活动管理和日常工作。

（2）由运行部门安全员主持制订《运行反违章管理实施细则》，经部门安全第一责任者审核后实施。

（3）部门管理人员加强反违章检查，落实《运行反违章管理实施细则》的执行，以"反违章检查登记簿"的形式建立违章档案，本部及各专业管理人员在登记簿上如实记录对违章行为的查禁和考核情况，"反违章检查登记簿"的内容定期公布，以达到警示教育的目的。

二、运行人员反违章活动的主要内容

（一）反作业性违章

1. 防触电类

（1）非电工从事电气作业或不具备带电作业资格人员进行带电作业；

（2）电气倒闸操作不填写操作票或不执行监护制度；

（3）电气倒闸操作不核对设备名称、编号、位置、状态；

（4）防误闭锁装置解锁钥匙未按规定保管使用；

（5）使用不合格的绝缘工具和电气安全用具；

（6）装设接地线前不验电；

（7）跨越安全围栏或超越安全警戒线；

（8）使用电动工具金属外壳不接地，不戴绝缘手套；

（9）设备检修，约时停送电；

（10）设备检修完毕，未办理工作票终结手续就恢复设备运行。

2. 防高处坠落类

（1）高处作业不使用安全带或安全带未挂在牢固的构件上；

（2）使用未经验收合格的脚手架；

（3）沿绳索、脚手杆攀爬脚手架、竖井架等；

（4）在高处平台、孔洞边缘工作或休息时倚靠栏杆或在栏杆脚手架上坐立；

（5）擅自拆除孔洞盖板、栏杆、隔离层或拆除上属设施时不设明显标志并及时恢复；

（6）使用未经定期试验合格的登高工具；

（7）梯子架设在不稳固的支持物上进行工作；

（8）绳梯未挂在可靠的支持物上，使用前未认真检查；

（9）在雷雨、暴雨、浓雾、六级及以上大风时进行高处作业；

（10）高处作业不戴安全帽；

（11）穿硬底鞋或带铁掌的鞋进行登高作业；

（12）冬季高处作业无防滑、防冻措施。

3. 防物体打击与机械伤害类

（1）进入生产现场不戴安全帽、戴不合格安全帽或安全帽佩戴不规范；

（2）高处作业人员不用绳索传递工具、材料，随手上下抛掷物件，或高处作业的工器具无防坠落措施；

（3）高处作业时，施工材料、工器具等放在临空面或孔洞附近；

（4）在起吊物的下方、正在施工的高层建筑物、构筑物下方通过或停留；

（5）擅自穿越安全警戒区；

（6）不走通行道，跨越皮带或在皮带上站立；

（7）跨越输煤机、卷扬机等运转设备的钢绳；

（8）运输机械未停稳或挪动时，人员上、下传递物件；

（9）运行中将转动设备的防护罩打开，或将手伸入遮栏内；戴手套或用抹布对转动部分进行清扫或进行其他工作；

（10）在机械的转动、传动部分保护罩上坐、立、行走，或用手触摸运转中机械的转动、传动、滑动部分及旋转中的工件；

（11）转动设备停运检修，未履行工作票许可手续和未采取防止误启动的措施；工作结束后未会同工作负责人一起检查、确认工作人员撤离现场便启动设备；

（12）没有使用或不正确使用劳动保护用品；

（13）未正确着装，在现场穿高跟鞋、凉鞋、裤头、背心、裙子等，女同志未将辫子或齐肩发盘在工作帽内。

4. 防火防爆类

（1）在易爆、易燃区携带火种、吸烟、动用明火及穿带铁钉的鞋；

（2）动火作业不按规定办理动火手续和氢气油管道动火时不

按规定接地线即许可作业；

（3）在氢、油区使用铁制工具又无防止产生火花的措施；

（4）锅炉水压试验时和启动升压过程中，无关人员在周围逗留，人员站在焊接堵头对面或法兰侧面；

（5）进入炉膛、汽包、油罐及其他储存化学药品、惰性气体的容器前，没有进行充分的通风；

（6）易燃、易爆物品存放在普通仓库内；

（7）消防器材挪作他用，不定期检查试验。

（二）反装置性违章

1. **防触电类**

（1）高压开关室的门不能从内部打开；

（2）现场电气开关设备护盖不全、导电部分裸露；

（3）电气安全工具、绝缘工具未按规定进行定期试验；

（4）地线、零线的连接使用缠绕法，未采用焊接、压接或螺栓连接方法；

（5）电气防误闭锁装置不齐全或不具备"五防"功能；

（6）电力设备拆除后，仍留有带电部分未处理。

2. **防高处坠落类**

（1）脚手架使用前未进行验收，或使用的脚手架不合格；

（2）设备、管道、孔洞无牢固盖板或围栏；

（3）梯子端部无防滑装置，人字梯无限制开度的拉绳；

（4）夜间高处作业或炉膛内作业照明不足；

（5）高建筑物临空面没有栏杆。

3. **防物体打击与机械伤害类**

（1）高处作业临空面未设防护栏杆和挡脚板；

（2）设备、管道、孔洞无盖板或围栏。

4. **防火防爆类**

（1）易燃易爆区、重点防火部位，消防器材配备不全，不符合消防规程规定要求，且无警示标志；

（2）制氢站、储氢瓶房、燃油泵房、液化气站等易燃易爆区内未装设防爆型电源开关及设备；

（3）氧气瓶、乙炔瓶、氢气瓶及其他惰性气体、腐蚀性气体瓶等，安全防护装置不全，未定期检验，未按规定进行标识；

（4）现场无畅通的消防通道；

（5）消防水压力不足，未按规定设置消防水管及配置消防水龙带；

（6）控制室、办公楼及其他场所消防设施不符合有关消防规定。

（三）反指挥性违章

（1）允许、批准未经安全培训并考试合格的人员从事电力运行值班工作；

（2）没有进行安全技术交底或重大项目没有组织安全技术措施的学习就组织从事电力生产工作；

（3）未办理完工作许可手续，做完相应安全措施，就允许工作人员从事电力生产相应工作；

（4）工作票上的安全措施与现场实际不符，或安全措施不完善，不能保证从事工作人员、设备的安全；

（5）强令员工违章、冒险作业；

（6）违反规程规定，越权指挥运行操作和事故处理；

（7）设备故障或异常运行后，领导者不组织进行分析，就毫无根据的下达处理意见；

（8）领导者职责范围不清，凭兴趣插手职责范围以外的工作，或代行下属人员的指挥权；

（9）对设备、设计存在的隐患不能及时指挥实施对应措施。

（四）反管理性违章

（1）已运行的设备没有运行规程；

（2）没有按规定对现场规程、制度进行复查、修订、公布、印发；

（3）没有按《防止电力生产重大事故的二十五项重点要求》制定反事故技术措施计划；

（4）制定的规定、制度不符合实际，不具体，操作性不强，起不到指导生产管理的作用；

（5）对各类装置性违章不及时组织消除；

（6）设备变更或系统改变后，相应的规程、制度、资料没有及时进行修改，会导致生产人员仍按原来规定执行出现不安全事件；

（7）对上级颁发的反事故措施，不能按要求结合实际组织实施；

（8）不能按规定组织开展季节性安全检查；

（9）不能按规定组织开展安全性评价自查评工作，查出的问题不制定整改措施计划，不组织消除；

（10）不能综合应用安全性评价、危险点分析等方法，对企业和工作现场的安全状况进行科学分析，找出薄弱环节和事故隐患，及时采取防范措施；

（11）不能认真落实集团公司《电力生产安全工作规定》中的例行工作；

（12）不按规定结合实际制定、完善设备运行规程和管理制度，不能有效地组织落实各项制度；

（13）不按规定制定反事故技术、安全措施，不制定现场工作的安全措施；

（14）制定的规程、制度、措施不符合现场实际，使用中导致事故的发生，或在事故处理时延误或扩大了事故；

（15）上级下发的文件、规定及信息不能及时传达和布置，不能按时间和标准完成规定的工作任务；

（16）不能对工作进行总结，找出薄弱环节，制定措施，改进工作。

（五）反典型习惯性违章

（1）非电工从事电气作业或不具备带电作业资格人员进行带电作业；

（2）电气倒闸操作，不填写操作票或不执行监护制度，不核对设备名称、编号、位置、状态；

（3）使用不合格的绝缘工具和电气工具；

（4）装设接地线前不验电，装设的接地线不符合《安规》要求；

（5）电气设备检修，约时停送电；

（6）设备检修完毕，未办理工作票终结手续就恢复设备运行，未采取可靠措施就进行试车工作；

（7）不按规定使用相应的安全工器具进行操作；

（8）使用金属外壳电动工具不接地、不装漏电保护器及不戴绝缘手套；

（9）高空作业不按规定扎安全带，进入生产（施工）现场未佩戴安全帽；

（10）使用的安全帽、安全带、绝缘工器具、起重工器具不合格或不进行定期试验；

（11）盲目决定设备带病、超出力运行或让员工冒险作业而没有相应的技术措施和安全保障措施；

（12）制定的规程、措施、制度等不健全或与实际不符，使用中导致事故发生或延误事故处理；

（13）擅自拆除孔洞盖板、栏杆、隔离层或拆除上述设施不加设明显标志并及时恢复；

（14）运行中将转动设备的防护罩打开，或将手伸入遮栏内，戴手套或用抹布对转动部分进行清扫或进行其他工作；

（15）在机械的转动、传动部分保护罩上坐、立、行走，或用手触摸运转中机械的转动、传动、滑动部分及旋转中的工件；

（16）没有使用或不正确使用劳动保护用品；

（17）在易爆、易燃区携带火种、吸烟、穿带铁钉的鞋等；

（18）动火作业不按规定办理动火手续；

（19）在氢、油区使用铁制工具又无防止产生火花的措施；

（20）锅炉水压试验时和启动升压过程中，无关人员在周围逗留，人员站在焊接堵头对面或法兰侧面；

（21）安排未经培训并考试合格的人员上岗；

（22）未经批准，解除运行设备连锁、报警、保护装置；

（23）进入易造成人员窒息的环境或区域工作未采取防范措施；

（24）酒后运行值班、登高生产作业等。

三、反违章活动要求

（1）运行部门领导与管理人员应首先以身作则，遵章守纪，起模范带头作用，将反违章工作作为运行安全管理的一项重要内容来抓。做到有计划、有检查、有落实、有整改、有考核。

（2）加强运行班组反违章工作的领导，狠抓反违章教育和培训，加大检查和考核力度。

（3）参照集团公司反违章管理指导意见和《运行反违章管理实施细则》，结合各专业、班组的实际情况，查找"本专业、班组常见典型违章事例"和"本专业、班组习惯性违章事例"，制定或修订本专业、班组反违章管理实施细则，落实执行并报部门备案。

（4）班组建立"反违章检查登记簿"的专用违章档案，如实记录本班对违章行为的查禁和考核情况，加大对习惯性违章的检查和考核力度，努力实现"零违章"。

（5）严格反违章奖惩，有如下措施：

1）违章行为实行分级处罚与不重复考核的原则。班组查出违章行为的按班组"反违章管理实施办法"处罚违章者，专业、部门不再重复考核；专业、部门查出的按《运行反违章管理实施细则》处罚违章者及连责处罚所在班组长、及所属专业负责人；上级单位、厂领导和职能部门查出的违章行为按厂部相关规定接受上级考核。

2）因违章行为导致事故的按上级有关规定处罚。未构成事故的，根据违章情节轻重，对违章责任者给予经济处罚、离岗培训、降低岗级和内部待岗的处罚，对相关连带责任人员相应给予处罚。

3）对发现、制止或抵制违章操作、违章指挥的人员实施奖励，或经部门反违章管理小组认定为直接避免了设备事故和人身事故发生的人员呈报厂部实施重奖。

第七节　异常运行分析

异常运行分析，是指设备运行参数偏离正常值、保护不能正常启动、设备或系统不能正常运行、隔离等，在未达到安全考核条件或未造成严重后果时，运行人员按照"四不放过"原则进行处置的方法。开展异常运行分析，其分析成果可以作为一种运行经验信息共享，以此摸索安全运行规律，主动查找运行技术监督与管理工作是否存在不足，积极采取有效措施，防范事故的发生，是将运行安全工作由事后管理转向事前预防的有效方法。

一、异常运行分析的分类

异常运行分析细分为岗位分析、定期分析、专题分析。

1. 岗位分析

岗位分析是指运行岗位人员在值班期间，依据监盘、巡回检查时观察的异常现象进行的综合分析，通过进行负荷参数调整、改变运行方式操作，严格控制设备的各参数，使之不超过规程中规定的允许值，保证机组在安全经济的工况下运行。特别是当班值长、班长，应根据各运行岗位的汇报和设备存在的薄弱环节，指挥有关人员及时采取措施，保证设备正常运行，发挥最大的安全与经济效益。

2. 定期分析

定期分析在岗位分析的基础上进行，各运行专业技术员每月汇总各运行记录、岗位分析记录，进行综合分析，进一步分析其演变趋势，将设备的历史与当前状态进行对比。摸清设备的隐形缺陷和薄弱环节，提出包含检修和运行两方面的改进措施并形成书面的分析报告。

3. 专题分析

由各专业技术人员根据岗位分析、定期分析、设备和系统的运行情况提出课题，组织进行深入分析。一般有以下几项内容：

（1）对主要运行参数的超标及其他重大安全技术问题的分析。

（2）对机组大修前后、设备系统的薄弱环节和运行工况的分析。

（3）对机组的老大难缺陷及影响机组安全、经济、满发的薄弱环节的分析。

（4）对安全检查中发现的有代表性的安全问题分析。

（5）对频发性设备缺陷和不安全情况的分析。

二、异常运行分析程序

（1）岗位分析：发生异常情况→岗位采取措施→异常运行分析→专业技术人员监督评价→月度定期收集→内部资源共享。

（2）定期分析：在岗位分析的基础上结合运行方式、值班记录等综合分析→总结存在的倾向性问题或指出薄弱环节→提出改进措施→成果应用与反馈。

（3）专题分析：专业技术人员提出课题→组织分析→部门（专业）审核→成果应用与反馈。

三、异常运行分析的要求

（1）运行人员除了正常的精心操作、认真监盘、按时抄表、随时记录监盘或巡检的异常情况外，各运行岗位人员在认真写好各种值班记录和运行日志之后，要从运行角度搞好异常运行分析。

（2）异常运行分析要求及时，运行人员尽可能在当班完成，对于特殊复杂的分析最多只能延迟到次日；异常运行分析要求到位，分析时应列出导致异常的所有可能原因，并检查判断确定主要原因，以便检修人员及时做出正确的处置。

（3）对于异常运行分析及时到位，防范措施应有力可行，确实起到了未雨绸缪、防患于未然的作用的人员，参照安全生产奖惩规定，实施奖励；对于不重视异常运行分析工作，分析应付了事、不及时，甚至没有按规定进行异常运行分析者，实施月度经济责任制考核。

第三章 两票三制

第一节 两票三制的内容

发供电企业的"两票三制"是一项重要的安全组织措施与技术措施，是运行安全生产的法宝与精髓，"两票三制"执行的好坏，是衡量和考核发供电企业运行班组安全基础工作的重要内容。"两票三制"是指：操作票、工作票；交接班制、设备巡回检查制、设备定期试验与轮换制。

1. 操作票

操作票是运行人员将所属设备由一种运行方式转换为另一种运行方式的操作依据。操作票中的操作步骤具体体现了设备转换过程中合理的先后操作顺序和需要注意的安全事项，认真执行操作票制度是防止运行人员误操作事故的重要措施。一般要求对已执行的操作票保存一年。

2. 工作票

工作票是工作人员对电力设备进行检修维护、缺陷处理、调试试验等作业的依据。工作票不仅对当次工作任务、人员组成、工作中的注意事项做出了明确规定，同时也对检修设备的状态和具备的安全措施提出了具体要求，认真执行工作票制度是保证工作任务完成和确保人身和设备安全的重要措施。一般要求对已执行的工作票保存一年。

3. 交接班制

交接班制是规定明确运行岗位交班与接班双方在运行值班的职责，双方履行交接班手续，即按规定交接清楚，双方签字后方可离开。认真执行交接班制要求交班者做到"完好彻底"，接班者做到"胸中有数"，坚持高标准、严要求、一丝不苟。

4．巡回检查制

巡回检查制是运行岗位人员按照定岗、定时、定路线进行巡视检查以保证设备正常安全运行的有效措施。巡回检查时要携带必要的用具（如电筒、听针、红外测温仪、振动仪、手套、眼镜、破布等），检查中结合季节性特点仔细听、摸、嗅、看，及时发现设备缺陷并联系处理或输入微机设备缺陷双联单。巡回检查强调不断改进检查方法和内容，提高值班巡检质量。

5．设备定期试验与轮换制

设备定期试验与轮换制是指对备用设备、电气和热工自动装置、信号装置及危急保安装置等，定期进行试验和切换使用，以保证设备能随时投运并正常发挥效用。

第二节　操作票的执行

操作票又分为电气操作票与热机操作票。是按照设备系统操作程序的技术要求，将操作项目填写在专用的操作票内作为操作中的书面依据，是保证设备和运行人员人身安全的重要安全组织措施，落实操作票的执行应做好以下工作。

一、电气操作票

（一）按规范步骤进行写票操作

1．根据调度预先下达的操作任务或工作票安全措施要求正确填写操作票

当监护人、操作人接受操作任务后，首先共同到模拟图板前核对实际设备接线或二次保护状态，然后按要求正确填票，对填写操作票的要求如下。

（1）填写操作票要求操作术语规范，字迹清楚，不得任意涂改（包括刮、擦、改），个别错、漏字修改时，应在错字上划两道横线，漏字可在填补处上、下方作"∧"或"∨"记号，然后在相应位置补上正确或遗漏的字，字迹应清楚，并在错、漏处盖上值班负责人扁形红色印章，以示负责。错、漏字修改每项不应

超过一个字（连续数码按一个字计），每页不得超过三个字，但操作顺序号和操作打"√"记号等不得作为个别错、漏字进行修改。设备名称、编号、动词不得涂改。当一个操作任务需续页填写时，在续页的前一页备注栏中应注明下页的操作票编号，如"接下页×××××"，续页上操作任务栏应写出所承接上页的操作票编号，如"承上页×××××"。所有各页上操作人、监护人、值班负责人都应签名。

（2）"操作任务"栏的填写要指明电压等级、设备双重名称（即设备名称和编号）。凡是符合运行、热备用、冷备用、检修四种状态的，以其状态变化来表示。设备（断路器、线路、主变压器、母线等）的四种状态应执行各级调度规程的规定，对于部分设备无法按"四态"表述的，可按照"四态"命名原则，按现场设备实际状态表述。

1）运行状态：设备的断路器及其两侧的隔离开关各有一组在合闸位置（所连接的避雷器、电压互感器无特殊情况均应投入）。

2）热备用状态：设备的断路器在断开位置，两侧的隔离开关各有一组在合闸位置。

3）冷备用状态：设备的断路器、隔离开关均在断开位置，包括变压器的中性点隔离开关应在断开位置。线路 TV 无隔离开关的，则应取下线路 TV 低压侧熔丝或断开低压侧开关；手车断路器在试验位置。

4）检修状态：设备的断路器、隔离开关均在断开位置，并已装设接地线（或合上接地刀闸），断路器和隔离开关的操作电源已断开（取下操作、合闸电源熔丝或断开空气开关），必要时解除相关继电保护的压板。设备附有电压互感器时，应将其隔离开关断开，并取下低压侧熔丝或断开低压侧开关；手车式断路器要拉出开关柜，锁上网门并挂牌。

（3）"操作项目"栏的填写，要求断开、合上断路器、隔离开关的操作项目应使用双重名称，隔离开关操作前应检查相应断路器确在断开位置，原已断开的隔离开关在设备转检修时需检查该隔离开关确实在断开位置；根据调度命令，中间必须进行间断操作时，应在操作项目中专项注明"待令"，验电和装设接地线（包括合上接地刀闸）作为同一个操作项目填写，即在验明确无电压后立即进行接地。对具有防误闭锁功能的高压开关柜，在未合接地刀闸前柜门打不开，在无法验电的情况下，在停电前应确认带电显示装置（或电压表）指示正常，在设备转为冷备用状态，查看带电显示装置（或电压表）确认无电压后，即可合上接地刀闸。若需在柜内工作，当柜门打开后，还应检查接地刀闸确已合好到位，才能开始工作；在进行倒换母线操作前，应填写"检查母联断路器及两侧隔离开关确在合闸位置"、"取下母联断路器操作熔丝"，进行转换负荷或解列操作时，应填写检查"负荷分配情况"；一套继电保护的几个压板的投入或解除，继电保护电源的投退、微机保护已固化的定值切换应逐项填写。

2. 审票并经防误系统模拟预演正确

写好操作票后监护人、班长或值长应到模拟图板前核对无误，审核签上姓名，并由班长或值长正式向监护人、操作人发令，监护人复诵。如审票中发现有错误，向操作人指出，并盖"作废"章，由操作人重新填票，审票过关后，在模拟图板上预演无误。

3. 操作前明确操作目的，做好危险点分析和预控

接受操作任务后，监护人、操作人应清楚操作意图，由监护人做好危险点分析并填写《危险点预控卡》，交值班负责人审核。正式执行操作前先由监护人向操作人宣读预控卡内容并签名，让操作者明白操作危险点与预控措施，知险避险，方可到现场执行操作。

4. 值长正式发布操作指令

接受正式操作指令后操作人应带上必要的操作工具。户内设备现场应有橡皮绝缘垫；户外设备操作应穿绝缘靴，并戴上安全帽；电气一次设备操作，应戴橡皮绝缘手套，如装设接地线要带

验电器；电气二次回路连接片、熔丝操作应戴纱手套进行就地操作，并填上开始操作时间。

5. 操作人员检查核对设备名称、编号和状态

操作时应认真核对设备名称、编号和状态，严格按操作票步骤依项操作，不得任意改变操作顺序和中止操作项目，操作中发生疑问应暂停操作，汇报班、值长后重新听令。

6. 按操作票逐项唱票、复诵、监护、操作，确认设备状态变位并打勾

（1）认真执行操作监护制度，禁止无票操作。持票操作前必须预演，操作中监护人员严格履行监护职责，禁止监护人离位或进行其他操作。操作时认真核对被操作设备的名称、编号和现场设备实际状态，确证无误后方可执行操作，并逐项打钩；严防误入带电间隔、误拉（合）开关、带负荷拉隔离开关、带电挂（合）接地线（接地刀闸）、带接地线（接地刀闸）合断路器（隔离开关）。严格电气防误装置的使用管理，解锁钥匙由值班负责人统一封存，禁止无故解除防误闭锁装置，操作中如确需使用解锁钥匙，必须经值长或调度批准后方能使用。

（2）操作中，对无法直接观察到明显断开点的组合电器，检查断路器、隔离开关是否已断开时，除查看装在组合电器控制柜上的位置显示器外，还应查看组合电器就地装设的机械位置指示器，若有指示器外伸连杆的，还要看拐臂位置是否到位，若不一致应查明原因。

（3）当某种原因被迫中途停止操作时，值班负责人应向发令人汇报操作终止项目，事后在备注栏内作简要说明并签名，该操作票作为已执行的操作票统计。

（4）严格操作动态管理，不折不扣地落实违章考核与管理人员连带考核责任，运行管理人员走动式督查现场操作、监护工作。推行操作质量保证模式，执行操作前"四明确"与"四对照"、操作中"三严格"与"三禁止"、操作后"三查"、全过程把好"六关"并贯彻"六不操作"，确保操作质量，防止误操作

事故。

7. 向发令人汇报操作结束及结束时间

操作结束，由操作人将动用的安全用具及接地线、标示牌等对号放置整齐，填上操作结束时间。

8. 作好记录并签销操作票

操作任务完成后，再次检查操作结果是否正确，做好接地线等登记记录（记录中应使系统模拟图与设备状态一致），并由监护人向班长或值长汇报执行情况，且负责在操作票上盖"操作已执行"印章，完成操作。

（二）执行操作应注意的问题

（1）生产现场应具备"六有"：有考试合格并经安监部门批准公布的操作人员的名单；有现场设备的明显标志，包括命名、编号、铭牌、转动方向、切换位置的指示以及区别电气相别的色标；有与现场设备和运行方式一致的系统模拟图；有完善的现场运行规程；有准确的调度指令和合格的操作票；有合格的操作工具、安全用具和设施（包括对号放置接地线的专用装置），电气设备有完善的防误装置。

（2）使用微机开票系统必须具备以下条件：

1）微机防误系统功能达到规定要求，并经过验收后投入正常使用；

2）微机开票系统内一、二次设备操作规则数据库中的操作规则经本单位的总工程师（或分管生产领导）审批；

3）微机开票宜采用"图文"开票方式，不得使用只输入操作任务就自动生成操作票的方式；

4）微机开票系统软件经过测试，并通过专项验收；

5）使用微机开票时，运行人员仍应对操作票进行认真审核，并对其正确性负责。典型操作票只能用于培训，不得直接用于操作。

（3）值班负责人在操作执行前应交待如下安全注意事项：

1）操作过程中可能出现参数的不正常变化，监盘人员应注意监视的参数和断路器、隔离开关的状态变化；

2）人身防护要点，对可能出现与此操作相关的事故的处理原则；

3）同系统不同地点的接地线位置，不常操作的设备具体位置及名称。

二、热机操作票

热机操作票填写及执行程序与电气操作票基本相同。热机操作票执行中如果存在一些问题，它不会像电气操作票一出错立即会发生设备事故和人身伤亡后果。然而也正因为如此，在执行上往往没有像对电气"两票"那样重视。实际上，机组启停，由于没有认真执行操作票，造成设备损坏、异常运行仍有时发生。

热机系统操作必须填写热机操作票。机组启动和停运，系统操作十分复杂繁多，为防止出现漏开或漏关等操作错误而损坏设备，一般都有典型操作票，必须认真按票上所列项目逐个系统、逐个阀门、逐个挡板检查，并逐项操作打钩，作好记录，只要严格监控仪表参数在规定范围内，一般是不可能发生事故的。但是，如果不按规定程序操作，尤其是一些疏水阀门的漏开或漏关常常也会导致汽轮机大轴弯曲、水冲击重大事故的发生，必须严格执行热机操作票管理制度。操作前操作者应真正了解操作任务、目的、操作顺序，熟悉操作危险点与预控措施，填写操作票审核正确后按票面逐项打钩执行；操作中严格执行操作监护制度；操作后办妥操作票结束手续。同时，特别要注意以下几点：

（1）进行锅炉燃油系统操作时应防止油污染；蒸汽吹灰时，应保持锅炉燃烧稳定，并适当增大燃烧室负压，防止向外喷烟；冲洗水位计时，应站在水位计的侧面，打开阀门时应缓慢小心，以保证人身安全；制粉系统启动操作时，灰渣斗的闸板应关闭严密，禁止进行锅炉吹灰、除灰、打焦等工作。

（2）汽轮机冷油器操作应监视润滑油压，以防止断油烧瓦；对高压加热器进行投、退操作时，应防止高压加热器汽侧水位过高造成汽轮机进水；停水泵时，应注意惰走时间，防止泵倒转。

（3）对汽、水、风、烟系统、公用排污系统、疏水系统进行检修前，必须将关闭的阀门、闸门、挡板关严加锁，并挂警告牌。如阀门不严，必须关严前一道门，并加锁挂牌。串联阀门操作时，如果管道发生振动，应立即中断操作，待故障排除后进行。

第三节 工作票的执行

工作票又分为电气工作票与热力机械工作票。工作票是允许在设备上进行工作的书面命令，是明确各类人员安全职责，向工作人员明确工作任务、布置安全措施、进行安全交底、履行工作许可与监护、工作间断、转移及终结手续的书面依据，它是保证工作安全，防止设备与人身伤害的一项重要的安全组织措施，落实工作票的执行应做好以下工作。

一、电气工作票

1. 正确填写工作票

（1）"工作班人员"栏的填写。要求工作班成员（包括临时工、民工）的姓名以横格填满为止，若不够填时，应把各小组的负责人（监护人）姓名全部填入，并填明总人数（含工作负责人）。

（2）"工作任务"栏的填写。要求工作地点应填明升压站名称、设备电压等级和双重名称，具体工作地点。工作内容应对工作的范围和基本内容进行限定。

（3）"计划工作时间"栏的填写。要求填写工作票计划工作时间，不包括停、送电操作及布置安全措施的时间。工作票上所列的计划时间不能作为开始工作和恢复送电的依据。

（4）"安全措施"栏的填写。要求第一种工作票由工作许可人填写的部分不得填写"同左"；应解除的继电保护连接片是指检修时可能引起运行设备联跳的电量或非电量保护（如瓦斯保护等）连接片。由工作许可人对（已）装设的接地线包括接地刀闸注明编号；对于"应（已）设遮栏、应（已）挂标示牌"栏的填写，工作票填写人应根据《电业安全工作规程》的规定和工作的需要填写，此栏包括为防止触电而需加装的绝缘挡板。"工作地点保留带电部分（或注意事项）"栏由工作票填写人根据施工现场的有电设备布置情况填写，必要时应先到现场查勘清楚。"工作地点保留带电部分和补充安全措施"栏由工作许可人根据现场实际指明邻近工作地点保留带电部分的具体设备、名称编号，并根据现场实际情况，补充工作票填写人事先未考虑的安全措施。

（5）"工作人员和工作负责人变动"栏的填写。工作票签发后，开工前如果发生工作班人员变更，工作负责人应在工作班人员栏内补充填写新增加的班员姓名。当出现个别人员缺勤或不能上岗时，工作负责人应在工作票备注栏内说明。如因人员缺勤将影响到施工安全或可能造成检修延期时，工作负责人应及时向工作票签发人汇报。开工后工作班人员变动，须经工作负责人同意，由工作负责人将班员变动情况填写在工作人员变动栏内，并通知工作许可人。新增添的人员必须由工作负责人重新交待安全措施后才能参与工作。变更工作负责人，应经工作票签发人同意，变动情况记录在工作负责人变动栏内，并通知值班负责人。

（6）"工作票延期"栏的填写。要求工作票的有效期以批准的检修期为限，工作票因故（如在检修中发现重要缺陷、天气突变等特殊情况）需延期时，工作负责人应提前征得工作许可人同意（经调度批准的检修设备，还应经当值调度员批准）。

（7）"备注"栏的填写。含检修工作中允许试分、合的设备，工作负责人指定专职监护人，其他补充安全措施等。

（8）"交任务、交安全措施确认"栏的填写。要求开工前，工作负责人向工作班成员详细交待工作任务和安全措施后，工作班成员在此栏确认签名。变动后新工作班成员也应在该栏签名。

（9）电气第二种工作票中"工作条件（停电或不停电）"栏的填写。指在检修设备上工作应具备的条件，即检修设备需要停电时写"停电"，不需要停电时则写"不停电"。

（10）电气第二种工作票中"注意事项（安全措施）"栏的填写。要求填写具体的安全措施，含防止触电、机械伤害、高处坠落等人身安全要求以及保障设备安全的措施。

2. 落实好安全措施

按工作票要求将检修设备与系统隔离，停电、验电、装设接地线，悬挂标示牌和装设遮栏，落实好保证安全的技术措施。在落实安全措施时，还应注意运行人员操作安全，杜绝电气恶性误操作事故。

3. 认真履行许可手续

检修开工前，工作许可人与工作负责人共同到现场检查核对安全措施已正确无误，以手触试，证明检修设备确无电压，并向工作负责人交待安全注意事项，经双方签名后，方可开工。

4. 办理工作票结束手续

电气第一种工作票中的工作任务全部完成，解锁的设备已恢复闭锁，工作现场已清理完毕，经工作许可人验收，工作班成员已全部撤离现场后，由工作许可人（值班负责人）盖"工作终结"章；工作票所列临时遮栏、标示牌已拆除，恢复常设遮栏，拆除（断开）全部接地线（接地刀闸）后，由工作许可人（值班负责人）盖"工作票结束"印章。电气第二种工作票办理工作结束手续后盖"工作票结束"章。

5. 办理工作票应注意的问题

（1）严禁在工作票未办好状态下进行检修工作，执行安全措施的标示牌、接地线无遗漏，检修系统与运行系统可靠隔离，特殊作业（如带电作业等）履行特殊作业安全措施卡，对可能存在的危险部位，采取特殊安全措施。严禁任何人未经许可私自扩大检修任务或改变工作票上所列的安全措施。

（2）凡向上级或调度汇报过工作结束，但发现尚有某件事要做时，必须重新办理手续；或者虽然未汇报工作结束，但地线已拆除时，则应重新验电装设接地线后方能工作。

（3）严禁约时送电，工作结束后要一一检查清理现场，并经验收，严防遗留物件导致事故发生。

二、热力机械工作票

热机设备检修认真办理热力机械工作票，办理程序与电气工作票基本相同，必须严格执行工作票制度，将所检修设备的汽、水、油（包括燃油）、烟、风、煤粉等有关阀门、挡板关严，防止发生意外。涉及电气的转动机械，尚需做好防止在检修时转动的措施。单元机组大小修时，工作票可按专业分系统开几张工作票，班组长则要认真检查系统确已安全隔离后方可工作。在执行热力机械工作票时应注意以下几点：

（1）所有隔绝的阀门、挡板应挂安全警告牌，与运行系统隔绝的阀门要有链条加锁防止有人误开；在电动机按钮（操作把手）、辅机的厂用电开关上挂警告牌；如同一系统设备检修时，热机、电气、热控专业分别有工作，则应分别开各自工作票，并实行重复挂牌，以防一个专业工作完毕要运行人员送电试转而导致别的工作班成员发生事故。

（2）运行人员在接到检修人员要求试验转动设备通知后，必须先到现场检查设备，确认转动设备里面没有人员和杂物，人孔门已关闭，安全防护装置已装复后方准启动。对凡能钻进人的风机、回转式空气预热器、碎煤机、磨煤机等设备的检修要特别重视，加强监护，做好送电试转前的检查工作。

第四节　交接班制的执行

运行交接班工作是保证生产连续进行的一项重要工作，也是运行安全生产管理的重要组成部分。落实交接班制的执行应做好以下几点。

（1）班（值）长提前 30min，其他运行岗位人员提前 20min进入现场，认真按照交接班检查规定进行全面检查和了解设备状况及有关情况，坚持按岗位对口接班，凡未经运行专业领导与值班长事先同意，不得自行变动岗位和班次，凡神志不清或酗酒等违反有关规定者不得值班。

（2）接班前班（值）长召开班前碰头会，检查到班人数、人员精神状态和服装情况，各岗位进行汇报检查情况，之后班（值）长简要交待当班运行方式、传达有关工作要求、布置当班工作任务、提出必要的安全注意事项、作业危险点和事故预想，具备接班条件后，班长准点下令正式接班。

（3）各交班岗位在交班前必须完成以下工作：按规定做好现场文明卫生工作；整理现场安全用具、公用具、锁匙、备品配件以及各种表薄等，做到对位对号放置整齐；校核模拟图，保持与实际相符；检查运行设备，并作好各种记录交待；对口向接班者交待有关工作事项；完成当班必须做好的各项工作任务。

（4）当临接班时发生事故和异常并有扩大恶化威胁安全趋向时、重要操作未告一段落时、当班必须完成的工作无故拖延未做时、交班记录不清不全时，不得进行交接班。

（5）各交班岗位严格履行对口交接和签名手续后方可离开现场，之后召开简短班后会。一是总结当班各项工作完成情况，初步分析当班所发生的设备事故异常原因以及处理过程中存在的问题，提出整改措施；二是指出当班人员在工作态度、遵章守纪等方面所存在的不足之处，同时表扬好人好事。

第五节　巡回检查制的执行

巡回检查工作是掌握设备运行规律，及时发现设备缺陷与设备异常情况的有效手段，是确保运行安全生产必不可少的管理措施。落实巡回检查制的执行应做好以下几方面工作。

一、设备巡回检查要到位

运行值班人员要按各岗位规定的路线和内容，定时、定点、定路线进行认真的设备巡回检查，做到眼看、耳听、鼻闻、手摸，不放过细小的异常现象。如热机运行人员要随身携带电筒、听针、破布，对转动机械和汽水管道阀门听听有无异常声音，摸摸轴承振动和温度有无异常，看看是否有不正常漏泄、冒汽、冒烟，凡有滴油、挂油渍等用破布擦净，并作仔细检查。如发现振动异常使用振动仪测量，温度异常使用红外线测温仪测量证实是否温度超标，以便及时联系检修部门处理。

二、认真检查设备及设施

对巡视中已有的安全设施和工作票的安全措施发生变化或破损等情况，及时汇报和记录，对巡视中生产场所的物件未按定置管理或损坏等，及时发现并进行登记、反馈或恢复，巡视的结果由巡视者进行记录。

三、加强巡回检查管理

当班巡视时间、巡视人员安排，严格按制度规定执行，由当班值班负责人合理安排，保证控制室随时有一定人员。巡视严格按巡视路线图进行，并结合季节性特点、设备状况对重点部位进行全面巡视。巡视中发现的设备异常和缺陷依重要程度，及时汇报或直接输入微机缺陷双联单，值班负责人对运行主要设备和异常运行的设备作重点抽查，如果有缺岗，指定他人替代，由被指定人履行职责，不管何因，运行设备不能存在无人巡视检查的现象。具体对巡回检查的要求如下。

1. 正常巡回检查

（1）运行值班人员认真按时、按路线巡回检查设备，巡视高压管道、联氨间、电气高压设备必须严格按《电业安全工作规程》的有关要求进行，检查中对设备缺陷及异常状态做到及时发现、认真分析、正确处理、作好记录，并向上级有关部门汇报。

（2）正常巡回检查间隔时间按规程规定执行，一般包括交接班巡回检查、班中巡回检查和需要每小时的巡回检查。

2. 特殊巡回检查

（1）在特殊情况下，根据设备的运行状况和运行要求，为确保设备正常运行而进行的巡回检查。遇有下列情况，应进行特殊巡回检查：

1）设备过负荷，或负荷有明显增加时；

2）设备经过检修、改造或长期停用后重新投入运行及新安装的设备投入系统运行时；

3）设备缺陷近期有发展时；

4）恶劣气候、事故停机、停炉、跳闸和设备运行中有可疑的现象时；

5）法定节假日及上级通知有重要保电任务期间。

（2）天气突然变化时巡回检查应注意以下各项：

1）大风时，引线有无剧烈摆动、舞动，有无悬挂物，设备周围有没有可能被吹到设备上的杂物；

2）雷雨后，高压瓷件有无闪络和放电痕迹，避雷器放电记数器数字有无变化；

3）下雪时，检查各电气引线接头有无发热现象；

4）气温极低时，应注意结冰情况，设备上的冰条、冰柱有无危及设备安全运行的可能；

5）雨雾时，有无严重的放电现象；

6）气温过高或过低时，应检查各注油设备油位变化和密封情况；

7）大雨时，应检查生产区的积水与屋顶漏水情况，有无危及设备安全运行的可能。

（3）当厂内发生事故或系统发生事故时，引起本厂电气设备受短路电流的冲击后，对感受到短路电流的一、二次设备进行有针对性的特殊检查。

3. 定期巡回检查

（1）按照一定的周期，对厂内设备进行详细、全面的检查，并做好记录，以便作为今后设备状况评价的依据，而且能通过分析及时发现某些设备的缺陷或不易发现的隐患。

（2）定期巡回检查分为两种形式：一种是由运行专业主管汇同值班长对分管运行设备进行检查，一般为半个月进行一次；另一种是由运行部门负责人同安全员、专业技术员一起对运行设备进行一次全面的详细检查，并对设备的健康状况做出评价，一般为每月进行一次。检查结果要作好记录，以便作为今后进行分析、比较、判断、考核的依据。

（3）定期巡回检查不能忽视对二次设备、自动装置的检查。如保护连接片的投退情况，保护定值核对检查，各装置的状态是否正常、继电器触点有无抖动现象、有无粘死现象，触点的胶木绝缘有无烧糊、腐蚀现象，高频信号交换检查是否正常等。

第六节　定期试验与轮换制的执行

良好的设备是安全运行必要的物资基础，对设备进行定期试验与轮换试切是防止设备长期停用后发生绝缘受潮、锈蚀、卡涩而无法随时投入运行的最有效措施。定期试验与轮换项目在运行规程中都必须有明确规定，如每隔多少时间进行一次什么试验，每隔多少时间进行什么备用设备试转。如汽轮机停机一个月以上再启动或机组大修后要做超速试验；锅炉修后要做超水压与定砣试验；凝结水泵、射水泵、氢冷泵、水冷泵、中继泵每月的 5 日、20 日切换备用泵运行等。

定期试验与轮换项目要严格按运行规程规定进行，执行时运行操作必须严格控制标准，做好预防事故措施，定期试验情况填写定试记录表，发现异常及时联系处理。电气运行主要的定期试验轮换项目见表 3-1。

表 3-1　　　　　　　电气运行定期试验与轮换项目

分 类	项 目	定 试 日 期	主 要 判 断 标 准
发电机系统	1. 备励机试转、试升压	每月×日上午班	电压升至空载值，试转 30min 无异常
	2. 励磁整流柜风机自投切换	机组大、小修后	能自投切换，监视灯指示对应
	3. 指挥信号试验	接班与开机前	信号显示正常

分 类	项 目	定 试 日 期	主要判断标准
发电机系统	4. 发电机绝缘	停役备用机组间隔5d,启动间隔3d	每千伏不小于1MΩ,吸收比不小于1.3,测量值不小于次前值的1/3
	5. 发电机连锁	开机前	MK自动联跳主断路器以及汽轮机联跳保护出口等动作正常
主变压器系统	1. 冷却水系统滤水器旋洗	每日上午班	操作正确,旋洗有效果,干净
	2. 潜油泵、冷却风扇电源自动切换	每月×日上午班,主变压器投运前	能自投切换,监视灯指示对应
线 路	高频通道	每日上午班9:30	收、发讯电压及衰耗不超标,指示灯对应
厂用系统	1. 事故照明自动切换	每月×日上午班	能自投切换,监视灯指示对应,及时查出直流接地回路
	2. 备用厂用变压器切换运行	每月×日下午班	备用厂用变压器运行4h无异常,油温不超标
	3. 厂用母线备用自投试切	机组大、小修后,公用系统逢双月下午班	能自投切换,监视灯指示对应
	4. 辅机绝缘	停役备用机组间隔5d,启动间隔3d	每千伏不小于1MΩ,吸收比不小于1.3,同等湿度、气温条件下测量值与次前值相比无明显变化
中央音响信号	音响、闪光、光字牌信号	接班前	事故、预告、闪光音响正常,光字牌能亮

第四章　监督检查与劳动保护

第一节　安全检查的形式与内容

安全检查是及时发现和辨析生产过程危险和隐患的有力措施，是预防、预测和控制生产事故发生的重要手段，对发供电运行生产的安全检查形式与内容归纳起来主要有以下几种。

一、安全检查形式

春季安全大检查；秋季安全大检查；专业安全检查。专业安全检查又分为：防火安全检查、防讯安全检查、重大节日前安全检查、二十五项防止电力生产重大事故的专业检查等。检查中要求结合季节性特点进行。

二、安全检查的内容

（一）查领导、查思想

检查安全生产时，采取自查与上下结合的方法。首先要检查领导的思想认识，尤其是安全生产第一责任者对安全生产的认识及态度，看其是否把员工的安全、健康放在首位；是否贯彻执行国家和上级部门有关安全生产的方针、政策、法令和规定；是否把安全工作列入重要议事日程；是否重心放在下层，下到现场巡视检查与参加部门内部各项安全活动；是否及时召开安全工作会议，对重大安全问题进行决策；是否及时有效地落实有关安全技术劳动保护措施计划和反事故措施计划；是否认真执行《安全生产工作奖惩规定实施细则》，以及对有关事故落实"四不放过"原则。

经常检查有关专业技术人员、管理人员，直至每一位员工的"安全第一"思想是否牢固，是否对有关安全规程、制度、规定了解和掌握；是否积极发动员工，结合当年发生的事故、障碍、未遂、异常，以及现场存在的隐患，联系员工思想实际，进行深入分析和反思，并查找发生事故和各种不安全现象的思想原因；是否存在在操作和作业时执行《电业安全规程》马虎、凑合、不在乎的不良倾向和忽视安全的经验主义行为，认真找出问题和差距，查出思想根源和毛病，提出加强安全思想的措施，把"安全第一"的思想落到实处。

（二）查管理、查制度

（1）检查安全保证体系与监督体系是否职责明确，工作到位；检查安全生产责任制是否根据不同岗位、专业、工种来制订，并符合运行岗位的特点，责任制是否明确、切合实际、可操作性强、落实到位，是否真正从组织上、制度上体现"安全生产、人人有责"的特点。

（2）检查安全管理是否属闭环控制，偏差考核，安全活动是否正常开展；是否对照检查《发供电企业安全性评价标准》、《安全星级评价标准》、《二十五项反事故措施重点要求》，查找存在的问题与安全管理的薄弱环节，并落实整改。

（3）查各项规章制度是否健全，是否存在有章不循、违章不纠或无章可循现象；是否有违反安全规程、违反值班纪律、操作纪律、安全纪律和劳动纪律的行为，逐条对照"岗位人员的职责"检查是否文明生产、文明操作，检查是否有不服从指挥、扯皮或作风拖拉、完成任务不及时、马虎应付等现象。除了查是否严格执行国家和上级部门制订的各项法规、条例、标准、规定和制度外，还要查企业、部门内部是否从安全生产的管理角度建立规章制度（有关技术规程、反事故措施、安全管理制度、工作标准等），是否与现场实际吻合并及时修订。

（三）查"两票三制"、查"三违"

人身伤害事故大都跟习惯性违章有关。习惯性违章基本上是"三违"行为，要高度重视习惯性违章的广泛性、顽固性、危害性，抓住习惯性违章的主要原因。反"三违"的关键就是严格执行"两票三制"。重点应检查：

（1）员工劳动保护用品的正确使用。作业时着全棉工作服、绝缘鞋、戴绝缘手套、安全帽，高空作业时必须系安全带。

（2）"两票三制"的执行情况。

1）"两票"方面。检查是否存在无票工作行为，"两票"票面填写是否规范、正确，是否执行了保证安全的组织措施和技术措施。操作过程是否严格按操作票制度执行，操作顺序和步骤是否正确，临时性的和突发性的操作是否也能执行操作票制度。重点检查工作负责人、工作票签发人、工作许可人是否履行了安全工作中的责任，是否有违章指挥、违章作业、违反劳动纪律的行为。

2）交接班制度方面。重点检查交接班记录和纪律，班前会、班后会情况，交代运行方式、操作任务、设备检修情况，发生的异常、设备缺陷、安全用具情况，领导和调度的命令是否全面准确等。

3）设备巡回检查制度方面。重点检查是否按现场运行规程规定按时进行检查，巡视检查是否到位，检查的质量是否有保证，检查中发现的缺陷是否有正确记录并向上汇报。

4）定期试验和轮换制度方面。重点检查设备的预防性试验，继电保护及安全自动装置是否定期检验，其试验周期、检验项目、质量标准是否严格按规程规定执行，是否绝缘摇测、连锁，是否按照规程规定进行运行设备定期轮换等。

（3）生产现场安全工作的组织措施和技术措施的落实情况。"两票"是否执行到位、"危险点预控卡"、"安全注意事项交待卡"是否执行到位，作业人员是否保证在有效的安全措施下工作。

（四）查防火情况

防火安全检查结合全厂性春、冬季安全大检查的开展同步进行。检查消防系统重点查防火部位、易燃易爆场所。具体防火检查项目的内容如下。

1. 防火灾设施检查

消防栓是否完好，消防器材是否齐全；消防水系统是否畅通；消防泵是否定期试转，消防水压是否达到最高部位；应配备的灭火器、水龙带等灭火器材是否挪作他用，消防制度是否执行，消防管理责任制是否落实。

2. 电源防火

电源经过热力管道时，应查油管道系统是否可靠隔离；对穿越墙壁、楼板的电源孔洞是否用耐火材料封堵严密；电缆沟、电缆夹层是否及时清理、保持清洁，有无杂物堆积，是否已采取符合防火要求的隔离或完善的阻燃措施；电缆竖井是否已全部予以封堵，厂房内外电缆是否已划分专责区，并及时清除杂物、积灰、积粉等。

3. 电气设备防火

高压断路器、变电设备的近旁是否有油罐靠近；6kV 开关室是否积粉，遗留杂物是否已清理干净；主变压器及高低压厂用变压器等油坑是否按要求填石子及无积水堵塞，主变压器是否已装设固定灭火设施，已设断火隔墙等是否完善。

4. 油区、危险品库、乙炔、氧气点等易燃易爆场所的防火

油区等是否有严格的防火管理制度，是否有鲜明醒目的"禁止烟火"警告牌、火警电话、报警等措施，是否严格执行防火管理规定，是否严格执行动火工作票管理制度。

5. 锅炉制粉系统防火

制粉系统中对着电缆层的防爆门、冷热风门是否已妥善隔离，是否及时消除漏粉点并清除积粉；热工信号装置是否定期校验，运行中是否严格监视风温在规定值。

6. 汽轮机油系统防火检查

汽轮机油系统是否有渗油点，主蒸汽油管道是否有妥善的油滴漏着火隔离措施；油系统的阀门垫片是否符合《电业安全工作规程》规定的要求，是否使用塑料垫和橡皮垫；检修的设备附近是否有油渍、破布等。

7. 生产现场防火检查

设置的电炉、电取暖器、空调等布置是否符合防火要求，是否有专人管理；生产场所领用的汽油、煤油等存放量是否符合《电业安全工作规程》的要求，是否严格遵守领用及保管制度。

（五）查设备隐患及安全工器具

（1）现场设施，如井、坑、孔洞、盖板、栏杆等，其照明、通风是否完好，所有排水沟道是否畅通，排水设备是否完好，所有楼梯、平台、通道、栏杆是否完整、铺设牢固，操作高台是否有安全警告标志。

（2）转动机械设备的防护罩、壳，各种气瓶、压力容器、化学用品等的使用管理情况是否良好。

（3）设备的定试、转换、校验是否如期进行。

（4）所有的电压表、电流表、功率表、温度表、压力表、水位计是否有红线标出的工作极限值。

（5）电气工器具、机械工器具是否定期试验、检查完好，并作好记录，存在问题的绝缘工具是否及时移出并禁止使用。

三、信息传递与处理

（1）对安全大检查要求检查的事项、内容，在厂部下达检查通知前应完成自查和整改，并由部门安全员填好情况报表汇总厂安监室。

（2）检查发现的所有缺陷，无论是威胁人身安全或设备安全的，都要及时处理，并作好记录。因条件不具备无法处理时，要及时将信息反馈到厂部，由厂部统一协调安排处理。

（3）对在安全检查中查出的隐患、缺陷，能处理而没有处理或处理后不能保证质量且影响安全生产的，应追究有关人员的直接责任和领导责任。

（4）二十五项防止电力生产重大事故的专业专题检查以专业自查为主，在此基础上，开展抽查、互查，及对厂部或上级提出的其他整改意见的落实情况应检查、考核。

第二节　监督检查的方法

对安全生产加强监督检查工作，是及时发现与消除人、设备、环境隐患，防范发生事故的有效途径，必须用好安全监督检查的方法，注重有效性。

一、岗位巡查执行抽查挂牌与安全检查表

在落实执行定点、定路线、定时、定标准的岗位巡视检查制度基础上，现场设备采用抽查挂牌，即依据特殊运行方式及季节性特点实行对重要设备、关键部位、薄弱环节以及边远处挂牌，抽查挂牌执行情况；厂级、科级、专业、班组应检查是否及时收回挂牌，按班次个人考核，确保岗位人员到位检查质量。同时，现场实施重要设备安全检查表，由专业技术人员负责编制，如《发电机设备安全检查表》（见表4-1），细化检查项目、标准及要求、检查情况，检查时岗位人员应核对项目、标准，按要求逐项打"√"，对异常现象打"×"，并简要记录异常情况，将设备缺陷输入微机或汇报值长联系处理，提高巡视检查质量。

表 4-1　　　　　　　　发电机设备安全检查表

序号	检 查 项 目	标准及要求	检查情况
1	整流子滑环上电刷的火花是否过大	火花等级≤1.5	
2	永磁机、主励磁机发热、振动是否超标	振动<0.05mm	
3	油断路器油位、油色是否正常	油位红线内、油色透明	
4	油断路器运行声响是否正常	无异声	
5	发电机整流柜冷却风机是否正常运转	A、B柜常用，C柜备用电源	
6	发电机端部线圈有无变形、发热	无变形、发热	
7	发电机接地碳刷是否接触良好	接触良好	
8	各网门是否都已关严、上锁锁好	关严、上锁	

二、安全监察实施走动式管理

强调各级领导与安监人员重心在下层，下到现场四处走动，

不局限于办公室，安监人员每日深入现场走动不少于四个小时，严格落实现场监督、检查的内容与安全情况信息的交流。每个安监员配备专用现场巡视检查记录簿，对每日检查情况作好记录，并定期上厂局域网公布，对现场发现的人的不安全行为、物的不安全状态以及环境的不安全因素应及时向各级领导汇报。安监主任每月对各专用现场巡视检查记录进行一次查评，监督落实记录中发现的问题，有效地在线监督现场人员、设备、环境，制止违章违纪行为，使不安全隐患在巡视中发现，事故苗头一出现就有人抓，异常情况一露头就有人报，违章违纪一发生就有人管。

三、专项检查突出季节性特点

专项安全大检查活动做到：有计划、有措施、有检查、有落实、有整改、有考评。以查领导、查思想、查纪律、查规程制度、查隐患、查措施为主要内容，以反"三违"、预防人身事故及专业性设备安全检查为重点，突出季节性特点，讲求实效，集中力量解决现场安全生产方面的突出问题。具体如下：

（1）春季：以防汛、防雷、防风、防绝缘受潮事故、防对树（毛竹）放电以及检查继电保护和安全自动装置（重合闸装置）为重点，结合本部门实际情况防人身伤害，审查修订重大事故应急预案。

（2）夏季：以防电气设备发热、确保设备安全迎峰度夏为重点，对生产设备、防护设施、工作环境、防人身伤害情况进行监督检查，开展安全月活动，坚决消除隐患，查处有章不循、违章不纠或无章可循的现象。

（3）秋季：查防火、防小动物短路、防污闪事故等季节性预防工作，认真组织运行、检修、检验、试验等现场规程制度考试，开展以设备查评为重点的安全检查，积极为冬季发电高峰和安排下年度工作打好基础。

（4）冬季：查防寒防冻、防火、防污闪事故工作，盘点年度反事故措施计划和安全技术劳动保护措施计划执行完成情况，"二十五项反措"与安全性评价整改落实情况，逐条对照检查，对存在的薄弱环节与落实不到位问题进行闭环控制，偏差考核管理，并对来年制订措施提供依据。

四、拉网式检查和安全性评价

安全性评价具有评价内容全面、规范而且量化的特点，其评价对象是运行中的系统，是现存处在变化中的危险因素，评价的着眼点是企业的安全基础而不是事故的概率，它是在安全大检查基础上发展起来的极为有效的拉网式检查评价方式，也是许多先进工业国家现代安全管理和预防事故的成功宝贵经验。

安全性评价采取企业自我查评与组织专家评价相结合的原则。企业自我查评步骤为：①组织宣传培训，熟悉安全性评价的目的、要求、标准；②层层分解评价项目，落实责任制；③组织车间、班组自查，发现问题，汇总上报；④企业成立查评组，按专业分成多个查评小组；⑤分专业开展查评活动，对照查评标准扣分、评价结果、提交专业查评报告；⑥整理查评结果，提交综合评价报告；⑦落实整改，定期复查。专家评价是在企业自我查评基础上进行的。考虑到专家组的质量和权威性，专家队伍一般由上级主管部门选派，按照自我查评步骤的⑤、⑥项提出综合评价报告后，专家组在企业主持召开一次反馈会，由专业组和专家组组长宣读评价结果，企业根据评价报告提出的问题逐条认真整改。

在查评过程中，为保证查评质量，要求做到：①应以国家、行业标准，相关规程、规定，厂家设备说明书等为依据进行查评，确保查评科学化、标准化、规范化；②查阅和分析资料、现场检查与考问、实物或抽样检查、仪表指示观测和分析、调查与询问、现场试验或测试等各种查证方法应根据不同的情况配合使用，力争评价全面、准确；③掌握评分标准，力求量化准确；④把管理因素作为评价重点，因为安全管理到位了，其他方面的危险因素都可以消除或控制；⑤写出高质量的综合评价报告，力争文字清晰、简洁，问题准确、抓住要害，建议具体、可操作性强，并经得起时间与实践的检验。

五、上级检查"三要三不要"

一要"突然袭击",不要事先打招呼。搞些"突然袭击"有利于检查出企业平时真实的安全生产状况,以便下达改善措施有的放矢。二要直接下现场,不要依靠听汇报。相信自己的眼光与判断力,直接到现场,查设备、查设施、看职工动态执行规程情况,了解职工安全思想动态,以便全面、真实地反映现场问题,进行监督指导自然有权威性。三要注重实效,不要只做表面文章。上级检查反馈,应以鞭策企业不安全现象、提出发现的问题点为重点,肯定成绩为次。要督促企业整改措施落实到位,一定时候进行整改复查,当然,有时也需要主管上级给予基层企业安全技改资金与安全技术支持,以及依据检查到的新情况有针对性地对安全制度进行充实、完善,以便达到实际效果。

六、安全监督检查中需要注意的问题

(1)对检查中发现的缺陷、隐患应及时安排消除,一时难以消除的,制订预控措施,重点防范,避免发生事故。如查出危及人身和设备安全的重点问题,在安全措施周全的情况下立即整改,一时不能解决的采取临时安全措施,并指定专人负责,尽可能在较短的时间内有计划地予以消除,必要时列入"两措"计划或技改措施计划安排解决。

(2)凡专项检查查出的问题,均要统一下达整改通知书,明确责任人,限期整改,落实考核;有些像安全性评价查出的问题,为督促整改,对整改情况还要实行"三挂钩",即整改结果与月奖挂钩、与年终评比挂钩、与领导班子业绩挂钩,并在专家评价一年后请专家组进行复查,落实复查报告提出进一步整改的内容。

(3)对于查出的违章行为,除了当场制止并进行批评教育外,坚决在厂局域网上曝光,并严格经济责任制考核。

第三节　安全工器具的分类与作用

安全工器具正常分为绝缘安全工器具、一般防护安全工器

具、安全围栏（网）和标示牌三大类，各类安全工器具的作用分别如下。

一、绝缘安全工器具

绝缘安全工器具又分为两种：一种是基本绝缘安全工器具，这类安全工器具的绝缘强度能承受电气设备的工作电压，且在该电压等级产生内部过电压时，能保证工作人员的人身安全，如高压绝缘棒、验电器、绝缘隔板等；另一种是辅助绝缘安全工器具，这类安全工器具的绝缘强度不足以承受电气设备的工作电压，但使用它们能进一步加强安全工器具的绝缘强度，如绝缘手套、绝缘靴、绝缘垫等。各种绝缘安全工器具的作用如下。

（1）验电器。验电器是检验电气设备、电器、导线上是否有电的一种专用安全用具。低压验电器还可用来区分相（火）线和中性（地）线及区分交、直流电，当交流电通过氖管灯泡时，两极附近都发亮，而直流电通过氖管灯泡时，仅一个电极发亮；高压验电器是在高压设备断电后，装设携带型接地线（合接地刀闸）前，用以验明设备确无电压后，方可装设接地线（合接地刀闸）。

（2）高压绝缘棒。高压绝缘棒主要用来闭合或断开高压隔离开关、跌落式熔断器，安装和拆除携带型接地线，以及进行测量和试验等工作，要求具有良好的绝缘性能和足够的机械强度。

（3）绝缘隔板。设备停电检修时，如果邻近有带电设备，在两者之间放置绝缘隔板，以防止检修人员接近带电设备。

（4）绝缘罩。当工作人员与带电部分之间的安全距离达不到要求时，将绝缘罩放置在带电体上以防止工作人员触电。

（5）接地线。能使工作地点始终处于"地电位"的保护之中，同时还可以防止剩余电荷和感应电荷对人体的伤害，在发生误送电时，能使保护动作，迅速切断电源。

（6）高压核相器。高压核相器用于额定电压相同的两个系统核相定相，以使两个系统具备并列运行条件。

（7）绝缘夹钳。绝缘夹钳主要用作带电安装和卸高压熔断器或执行其他类似工作的工具，用于 35kV 及以下电力系统。

（8）绝缘手套。绝缘手套是在高压电气设备上进行操作时使用的辅助安全用具，在低压带电设备上工作时使用的基本安全用具，工作人员使用绝缘手套可直接在低压设备上进行带电作业。绝缘手套可使人的两手与带电物绝缘，是防止工作人员同时触及不同极性带电体而导致触电的安全用具。

（9）绝缘靴。绝缘靴用于高、低压系统中，是高压操作时用来与地保持绝缘的辅助安全用具，可作为防护跨步电压的基本安全用具。

（10）绝缘垫。当进行带电操作断路器时，使用绝缘垫可增强操作人员的对地绝缘，避免或减轻发生单相接地或电气设备绝缘损坏时接触电压与跨步电压对人体的伤害。在低压配电室地面上铺绝缘垫，可代替绝缘鞋，起到绝缘作用。

（11）绝缘台。绝缘台是一种可用在任何电压等级的电力装置上的带电工作时的辅助安全用具，其作用与绝缘垫、靴相同。

二、一般防护安全工器具

一般防护安全工器具是一种没有绝缘性能，主要用于防止工作人员发生外力冲击伤害、高空坠落等事故的工器具，如安全帽、安全带、安全绳、安全网等。一般防护安全工器具作用如下。

（1）安全帽。一是对飞来物击向头部时的防护；二是当工作人员从 2～3m 以上高处坠落时头部的防护；三是当工作人员在沟道内行走，障碍物碰到头部时的防护，或从交通工具上甩出时头部的防护；四是对头部触电或电击时的防护。

（2）安全带。是预防高空作业人员坠落伤亡最有效的防护用品。

（3）梯子。是登高作业常用的工具。

（4）安全绳、安全网。二者是高空作业人员作业时必须具备的防护用具，安全绳通常与护腰式安全带配合使用，工作人员在高处作业时，将其绑在同一平面处的固定点上，安全绳广泛应用于架空线路等高处作业中，用以防止作业人员不慎跌下摔伤；安全网是为防止高处作业人员坠落和高处落物伤人而设置的保护用具。

（5）脚扣、升降板。是攀登电杆的主要安全攀登工具，升降板与脚扣相比，登高过程较麻烦，但在高空作业时，脚踩在上面比较舒适，可以较长时间工作。

（6）防护工作服。用以防止火焰，高温、腐蚀性化学品以及电火花、电弧等对作业人员身体的伤害。

（7）防护眼镜。①防打击护目镜用以防止金属、砂、石屑等飞溅物对眼部的打击；②防辐射线护目镜用以防止在生产中的有害红外线、耀眼的可见光和紫外线对眼睛的伤害；③防有害液体护目镜用来防止酸、碱等液体及其他危险液体与化学药品对眼的伤害；④防灰尘、烟雾及各种有毒气体护目镜一般适合在有轻微毒气或刺激性不太强的场所使用。

三、安全围栏与标示牌

安全围栏与标示牌是防护工作人员走错间隔、误入带电间隔、误登带电设备或危险地而发生危害的安全用具。

（1）临时遮栏。用于设备和线路检修工作时，防止发生检修人员误入带电间隔、误登带电设备或误入危险地接近邻近带电设备而造成电击事故，或者防止非检修人员进入检修场地被碰伤、砸伤等事故。

（2）标示牌。用来警告作业人员不得接近设备的带电部分，提醒作业人员在工作地点采取安全措施，指明应检修的工作地点，以及警示值班人员禁止向某设备合闸送电等。

（3）红布帘。是用于控制室继电保护盘上，区分运行设备和检修设备的标示。

第四节　安全工器具的管理

使用安全工器具可保障员工在生产活动中的人身安全，防止触电、灼伤、坠落、摔跌等事故的发生，如何确保安全工器具的产品质量和安全使用，使之发挥效用，必须规范运行人员安全工器具的使用管理。

一、明确并落实管理职责

（1）制定并落实安全工器具管理职责和工作标准。

（2）运行专业技术员是管理本专业安全工器具的兼职人，负责制定、申报工器具的订购、配置、报废计划；组织、监督检查安全工器具的定期试验、保管、使用等工作；督促检查安全工器具的工作。

（3）部门安全员每季对运行班组安全工器具检查一次，并做好检查记录。

（4）各运行专业建立安全工器具台账，做到账、卡、物相符，试验报告、检查记录齐全，并定期送检，以保证使用准确性与安全性。

（5）对公用安全工器具应指定相应运行岗位保管，上下班对口交接，保管人定期进行日常检查、维护、保养，并作记录。发现不合格或超试验周期的应严禁使用，并联系专业处理。个人安全工器具应自行保管，安全工器具严禁他用。

（6）加强安全工器具的使用培训，严格执行操作规定，掌握安全工器具的正确使用方法。

二、合理选购并严格进货把关

（1）选购的安全工器具应符合国家和行业有关安全工器具的法律、行政法规、规章、强制性标准及技术规程要求。

（2）实行以下电力安全工器具行业入围制度：

1）选用电力安全工器具质量监督检验测试中心每年公布一次的电力安全工器具生产厂家检验合格产品名单中的产品。

2）企业每年在电力安全工器具质量监督检验测试中心公布的电力安全工器具生产厂家检验合格产品名单中，采取招标的方式确定可以采购的电力安全工器具入围产品。

3）对入围产品，若发现质量、售后服务等问题，及时向上级安监部门反映，经查实后，将取消该产品入围资格，并向电力安全工器具质量监督检验测试中心通报。

（3）企业在上级公布的入围产品名单中，选择业绩优秀、质量与服务优良且在电力系统内具有一定使用经验、使用情况良好的产品，采取招标方式购置所需电力安全工器具。

（4）采购安全工器具应签订采购合同，并在合同中明确生产厂家的责任：

1）必须对制造的安全工器具的质量和安全技术性能负责；

2）负责对用户做好其产品使用、维护的培训工作；

3）负责对有质量问题的产品及时、无偿更换或退货；

4）根据用户需要，向用户提供安全工器具的备品、备件；

5）因产品质量问题造成的不良后果，由产品生产厂家承担相应的责任，并取消其同类产品的资格。

（5）严格履行进货验收手续，由物供部门负责组织运行专业技术人员、安监人员参加验收，并在验收单上签字确认。合格者方可入库或交付运行使用，不合格者坚决予以退货。

三、加强定期试验及检验管理

（1）各类安全工器具必须通过国家和行业规定的有关试验，进行出厂试验和使用中的周期性试验，对安全工器具进行检验的检验机构必须具备资质。

（2）安全工器具必须进行试验的有如下情况：

1）规程要求进行试验的安全工器具；

2）新购置和自制的安全工器具；

3）检修后或关键零部件经过更换的安全工器具；

4）对其机械、绝缘性能发生疑问或发现缺陷的安全工器具；

5）出了质量问题的同批安全工器具。

（3）经过试验或检验合格的安全工器具，在不妨碍绝缘性能且醒目的部位贴上"试验合格证"标签，注明本次试验人、试验电压、试验日期及下次试验日期。

四、做好检查并正确使用

安全工器具的使用应符合《电业安全工作规程》（变电站和

发电厂电气部分)、《电业安全工作规程》(电力线路部分)、1994年颁发的《电业安全工作规程》(热力和机械部分) 等规程中的规定和对产品的使用要求。安全工器具使用前应进行外观检查无异常,对绝缘安全工器具使用前应擦拭干净,使用时应戴绝缘手套。对安全工器具的机械、绝缘性能发生疑问时,应进行试验,合格后方可使用。

(一) 绝缘安全工器具的检查与使用

1. 电容型高压验电器

(1) 使用前应进行外观检查,验电器的工作电压与被测设备的电压相同。

(2) 电容型验电器上应标有电压等级、制造厂和出厂编号。对 110kV 及以上验电器还须有配用的绝缘杆节数。

(3) 非雨雪型电容型验电器不得在雷、雨、雪等恶劣天气时使用。

(4) 使用电容型验电器时,操作人应戴绝缘手套,穿绝缘靴,手握在护环下侧握柄部分。人体与带电部分距离应符合《电业安全工作规程》中规定的安全距离。

(5) 使用抽拉式电容型验电器时,绝缘杆应完全拉开。

(6) 验电前,应先在有电设备上进行试验,确认验电器完好;无法在有电设备上进行试验时可用高压发生器等验证验电器是否良好。如在木杆、木梯或木架验电,不接地不能指示者,经运行值班负责人或工作负责人同意后,可在验电器绝缘杆尾部接上接地线。

2. 高压绝缘棒

(1) 使用绝缘棒前,应检查绝缘棒的堵头,如发现破损,应禁止使用。

(2) 使用绝缘棒时人体应与带电设备保持足够的安全距离,并注意防止绝缘棒被人体或设备短接,以保持有效的绝缘长度。

(3) 雨天在户外操作电气设备时,损伤棒的绝缘部分应有防雨罩,罩的上口应与绝缘部分紧密结合,无渗漏现象。

3. 绝缘隔板和绝缘罩

（1）绝缘隔板和绝缘罩使用前应检查表面洁净、端面不得有分层或开裂，还应检查绝缘罩内外是否整洁，应无裂纹或损坏。

（2）绝缘隔板只允许在 35kV 及以下电压等级的电气设备上使用，并应有足够的绝缘和机械强度；用于 10kV 电压等级时，绝缘隔板的厚度不应小于 3mm，用于 35kV 电压等级时不应小于 4mm。

（3）现场带电安放绝缘挡板及绝缘罩时，应戴绝缘手套。

（4）绝缘隔板在放置和使用中要防止脱落，必要时用绝缘绳索将其固定。

4. 接地线

（1）接地线使用前，应进行外观检查，如发现绞线松股、断股，护套严重破损，夹具断裂松动等情况时不得使用。

（2）接地线应用多股软铜线，其截面应满足接地点短路电流的要求，但不得小于 $25mm^2$，长度应满足工作现场需要；接地线应有透明外护层，护层厚度大于 1mm。

（3）接地线的两端线夹应保证接地线与导体和接地装置接触良好、拆装方便，有足够的强度，并在大短路电流通过时不致松动。

（4）装设接地线时，人体不得碰触接地线或未接地的导线，以防止感应触电。

（5）装设接地线时，应先装设接地线接地端；验电证实无电后，立即接导体端，并保证接触良好，拆接地线时顺序与此相反。接地线严禁用缠绕的方法进行连接。

（6）设备检修时，模拟图板上所挂地线的数量、位置和地线编号，应与工作票和操作票上所列内容一致，并与现场所装设的接地线一致。

5. 高压核相器

（1）核相器应按照使用说明书的要求正确使用。

（2）核相器绝缘棒部分的使用与"绝缘棒"中的要求相同。

6. 绝缘手套

（1）绝缘手套使用前应进行外观检查。如发现有发黏、裂纹、破口（漏气）、气泡、发脆等情况时禁止使用。

（2）进行设备验电、倒闸操作、装拆接地线等工作时应戴绝缘手套。

（3）使用绝缘手套时应将上衣袖口套入手套筒口内。

7. 绝缘靴

（1）绝缘靴使用前应进行检查，不得有外伤，应无裂纹、无漏洞、无气泡、无毛刺、无划痕等缺陷。如发现有以上缺陷，应立即停止使用并及时更换。

（2）使用绝缘靴时，应将裤管套入靴筒内，并要避免接触尖锐的物体，避免接触高温或腐蚀性物质，防止受到损伤。严禁将绝缘靴挪作他用。

（3）雷雨天气或一次系统有接地时，巡视室外电气高压设备应穿绝缘靴。

8. 绝缘胶垫

绝缘胶垫应保持完好，出现割裂、破损、厚度减薄，不足以保证绝缘性能等情况时，应及时更换。

（二）一般防护安全工器具的检查与使用

1. 安全帽

（1）使用安全帽前应进行外观检查，检查安全帽的帽壳、帽箍、顶衬、下鄂带、后扣（或帽箍扣）等组件是否完好无损，帽壳与顶衬缓冲空间应在 25～50mm，编号应清晰。

（2）安全帽的使用期从产品制造完成之日起计算。植物枝条编织帽不超过两年，塑料帽、纸胶帽不超过两年半，玻璃钢、维纶钢橡胶帽不超过三年半。对到期的安全帽，应抽查测试，合格后方可使用，以后每年抽检一次，若抽检不合格，则该批安全帽报废。

（3）安全帽戴好后，应将后扣拧到合适位置或将帽箍扣调整到合适的位置，锁好下鄂带，防止工作中因前倾后仰或其他原因造成滑落。

（4）高压近电报警安全帽使用前应检查其音响部分是否良好，但不得作为无电的依据。

（5）企业中安全帽分为四种颜色。安监人员与生产领导应佩戴红色安全帽，其他管理人员应佩戴绿色安全帽，运行与检修人员应佩戴橘黄色安全帽，外来人员应佩戴白色安全帽。

2. 安全带

（1）安全带的腰带和保险带、绳应具有足够的机械强度，材质应有耐磨性，卡环、钩应具有保险装置，保险带、绳的使用长度在 3m 以上的应加缓冲器。

（2）使用安全带前应进行以下检查：

1）组件完整、无短缺、无破损；

2）绳索、编带无脆裂、断股或扭结；

3）金属配件无裂纹、焊接无缺陷、无严重锈蚀；

4）挂钩的钩舌咬口平整不错位，保险装置完整可靠；

5）铆钉无明显偏位，表面平整。

（3）安全带使用期一般为 3～5 年，若发现异常应提前报废。

（4）安全带应系在牢固的物体上，禁止系挂在移动或不牢固的物件上，不得系在棱角锋利处。安全带要高挂和平行拴挂，严禁低挂高用。

（5）在杆塔上工作时，应将安全带后备保护绳系在安全牢固的构件上（带电作业视其具体任务决定是否系后备安全绳），不得失去后备保护。

3. 脚扣

（1）脚扣使用前应进行以下外观检查：

1）金属母材及焊缝无任何裂纹及可目测到的变形；

2）橡胶防滑块完好，无破损；

3）皮带完好，无霉变、裂缝或严重变形；

4）小爪连接牢固，活动灵活。

（2）正式登杆前在杆根处用力试登，判断脚扣是否有变形和损伤。

（3）登杆前应将脚扣登板的皮带系牢，登杆过程中根据杆径随时调整脚扣尺寸。

（4）特殊天气使用脚扣时，应采取防滑措施。

（5）严禁从高处往下扔摔脚扣。

4. 梯子

（1）梯子应能承受工作人员携带工具攀登时的总重量；人字梯应具有紧固的铰链和限制的拉链。

（2）正常情况下梯子不得接长或垫高使用。特殊情况确需接长时，必须用铁卡子或绳索切实卡住或绑牢并加设支撑物。

（3）梯子应放置稳固，梯脚要有防滑装置；使用前，应先进行试登，确认可靠后方可使用；有人员在梯子上工作时，梯子应有人扶持和监护。

（4）梯子与地面的夹角应为 65°左右，工作人员必须在距梯顶不少于两档的梯蹬上工作。

（5）靠在管子上、导线上使用梯子时，其上端须用挂钩挂住或用绳索绑牢。

（6）在通道上使用梯子时，应设监护人或设置临时围栏。梯子不准放在门前使用，必要时应采取防止门突然开启的措施。

（7）严禁人在梯子上时移动梯子，严禁上下抛递工具、材料。

（8）在升压站高压设备区或高压室内应使用绝缘材料的梯子，禁止使用金属梯子。搬动梯子时，应放倒两人搬运，并与带电部分保持足够的安全距离。

5. SF_6 气体检漏仪

（1）应按产品使用说明书正确使用。

（2）运行人员要进入 SF_6 配电装置室，入口处若无 SF_6 气体含量显示器，应先通风 15min，并用 SF_6 气体检漏仪测量气体含量，合格后才能入内。

6. 正压式空气呼吸器

（1）使用前应检查面具的完整性和气密性，面罩密合框与人体面部密合良好，无明显压痛感。

（2）使用者应根据其面具尺寸选配适宜的面罩号码。

（3）使用中应注意有无泄漏。

7. 防毒面具

（1）使用前应检查面具的完整性和气密性，面罩密合框应与佩戴者颜面密合，无明显压痛感。

（2）使用防毒面具时，空气中氧气浓度不得低于18％，温度为−30～45℃。防毒面具不能在槽、罐等密闭容器环境使用。

（3）使用者应根据其面型尺寸选配适宜的面罩号码，使用中注意有无泄漏和滤毒罐失效。

（4）防毒面具的过滤剂有一定的使用时间，一般为30～100min。过滤剂失去过滤作用（面具内有特殊气味）时，应及时更换。

（三）安全围栏与标示牌

1. 临时安全围栏

（1）安装临时安全围栏的距离应符合安全规程规定，确保工作人员在工作中始终与带电设备保持足够的安全距离。

（2）因室外设备分散，工作地点人多，所以安全围栏应设置出入口，限制工作人员活动范围，避免人身伤害。

（3）所安装的临时安全围栏不得随意移动与拆除，工作人员因工作需要必须变动时，应征得工作许可人的同意。

2. 标示牌

（1）检查发现标示牌损坏或数量不足时及时更换或补充。

（2）在作业现场按《电业安全工作规程》规定的地点、数量进行标示牌悬挂，以起警示作用。

五、做好保管及存放管理

（1）安全工器具的保管与存放，要满足国家和行业标准及产品说明书要求。

（2）安全工器具应统一分类编号，定位存放。

（3）绝缘安全工器具应存放在温度为−15～35℃、相对湿度为 5%~80%的干燥通风的工具室（柜）内。验电器应存放在防潮盒或绝缘安全工器具存放柜内，置于通风干燥处；核相器应存放在干燥通风的专用支架上或者专用包装盒内；绝缘杆应架在支架上或悬挂起来，且不得贴墙放置；绝缘隔板应放置在干燥通风的地方或垂直放在专用的支架上；绝缘罩使用后应擦拭干净，装入包装袋内，放置于清洁、干燥通风的架子或专用柜内；橡胶类绝缘安全工器具存放在封闭的柜内或支架上，上面不得堆压任何物件，更不得接触酸、碱、油品、化学药品或在太阳下暴晒，并应保持干燥、清洁。

（4）一般防护安全工器具应存放在干燥通风和无腐蚀的室内。如防毒面具存放在干燥、通风、无酸、碱、溶剂等物质的库房内，严禁重压，其滤毒罐的贮存期为五年、滤毒盒的贮存期为三年，过期产品应经检验合格后方可使用；空气呼吸器在贮存时应装入包装箱内，避免长时间暴晒，不能与油、酸、碱或其他有害物质共同贮存，严禁重压。

（5）遮栏绳、网应保持完整、清洁无污垢，成捆整齐存放在安全工具柜内，不得严重磨损、断裂、霉变，连接部位不得松脱等；遮栏应外观醒目，无弯曲，无锈蚀，排放整齐。

六、做好报废管理

（1）符合下列条件之一者，即予以报废：

1）安全工器具经试验或检验不符合国家或行业标准的；

2）超过有效使用期限，不能达到有效防护功能指标的。

（2）对报废的安全工器具应及时清理，不得与合格的安全工器具混放在一起，更不得使用报废的安全工器具。

（3）报废的安全工器具应及时统计上报到厂安监部门备案。

第五节　个人劳动防护用品的管理

加强劳动保护，改善员工的劳动条件，减轻劳动强度，预防各种事故、职业中毒和职业病，保护员工在生产劳动中的安全和健康，是国家劳动法规的明确规定，也是对企业安全生产工作的必然要求，其中一项重要的工作就是要做好个人劳动防护用品的使用与管理。

一、个人劳动防护用品的使用要求

运行人员使用的个人劳动防护用品主要有工作服、工作帽、手套、口罩、耳塞等，必须了解其使用限制、正确的使用方法、正确的佩戴方法及必要的保养方法，以达到所需要的劳动保护效果的标准。使用时要选择适当，而且对其使用条件及应用进行监视。上班时，要求运行人员穿企业统一订制的棉织工作服，工作服不应有被转动机械绞住的部分，作业时衣服和袖口必须扣好，不漏扣、错扣。禁止穿过长衣服和戴围巾，女同志禁止穿裙子或高跟鞋，辫子长度过肩最好剪短，否则应束起或盘起。接触高温物体工作时，要戴手套和穿上合适的工作服；在粉尘多的环境中工作时，要戴口罩；进入球磨机等噪声大的设备附近时，要戴耳塞等，以保护生产劳动中人身安全和健康。

二、个人劳动防护用品的管理

在安全生产中，岗位运行人员是劳动防护用品直接使用者，管好、用好个人劳动防护用品是劳动保护的一项重要具体内容。同时，运行管理人员要本着对员工安全、健康和国家财产高度负责的精神，抓好劳动保护和安全工作，教育员工正确使用符合规定的个人劳动防护用品。在这方面，运行管理人员必须注意以下几点：

（1）根据运行人员从事的工种、作业条件和接触有毒物质的情况，按企业管理部门的规定，领取并发放所需的劳动防护用品、用具；为在有毒、有害、高温作业场所工作的运行人员发放保健食品。

（2）发放的个人防护用品要在生产中使用，实现它的效用，并做好督促检查。

（3）劳动防护用品使用者必须做到无论何时出现危害都穿戴在身，并经常清洁、检查和维护，使劳动防护用品处在随时可以使用的状态。

第五章 运行反事故措施

第一节 电气运行重点反事故措施

电气运行重点反事故措施是依据《防止电力生产重大事故的二十五项重点要求》，结合企业现场实际，从运行角度出发，有计划、有目标、有针对性地制订的防止电气设备重大事故、人身伤亡事故的重点运行技术措施，是有效开展反事故斗争的重要方法，是确保电气设备安全运行的重要内容。主要措施如下。

一、防止电气误操作事故

（1）当接受操作任务后，班长应核对现场设备状态，对所调度管辖设备的操作应核对调度操作令，确证所下达的操作令符合现场安全要求并具备操作条件后，方可指定操作人和监护人操作，并明确操作任务、操作目的和注意事项。

（2）操作人接受操作令后，先核对模拟图并按规定正确填写操作票，分别交监护人、值班负责人、值长逐级审核无误并签名后方可执行。监护人接受操作票监护任务后，依据操作任务填写危险点预控卡，操作前向操作人逐项宣读，使其知险避险，之后方可到现场操作。

（3）发令人下达操作命令清晰、明了，使用统一术语，受令人复诵操作命令（如系上级调度下达操作令须进行录音）确认无误后方可执行操作。

（4）操作前必须先在模拟图上进行预演，做到心中有数，并确认无误后方可执行操作，执行操作前班、值长应提出有关注意事项。

（5）操作时，监护人应站在操作人左后方，直视操作人的手，然后按操作票顺序，正确诵读操作项目，操作人必须对操作内容和操作部位进行手指和复诵，当监护人确认复诵无误后正式发布同意操作命令，每操作一项应立即打"√"一项，禁止越项、漏项操作和无监护操作。

（6）操作时，认真核对设备名称、编号，确认无误后方可进行，当操作发现疑问时，立即中止操作，汇报班长、值长，消除疑问后操作方可继续进行。

（7）正确使用"五防"防误闭锁装置，严格防误闭锁装置万能锁匙与电解码锁匙的管理，凡设备检修试验或锁具故障等情况时确需使用，必须征得值长同意方可使用。

二、防止非同期并列事故

（1）设备变更及新设备投运将可能使一、二次系统电压相序发生变化。如：发电机、变压器、电压互感器、线路新投入（或大修后），或回路有改变时，两个不同系统并列操作应进行核相后才能并列。

（2）保证同期回路接线正确、同期装置完好。每次设备检修，必须严格执行三级验收，并进行有关试验后，方可投入使用。

（3）熟知全厂的同期回路及各断路器同期点。严禁在同一时间里投入两个同期开关，在同期开关投入后，如有异常信号发出、表计指示失常，应严格禁止合闸操作。

（4）现场选用手动准同期并列，在两个不同电源系统上并列操作，要经过同期继电器闭锁，不允许将同期检查解除开关退出。特殊情况的非常规操作必须征得副总工及以上生产领导同意，并做好事故预想方可执行。

（5）对待并发电机断路器的传动机构或操作控制回路检修后试分合闸，必须在发电机降压至零并断开隔离开关后进行，以免误并列。

（6）发电机并网操作，必须满足发电机并列条件。同期装置投入后，整步表出现以下情况禁止合闸：①整步表指针旋转过快；②整步表指针旋转时转速不均匀、表犯卡或指针跳动；③整步表停在同期点上不动。

（7）工作厂用变压器、备用厂用变压器接自不同电源系统，正常通过主变压器或高压母线联络，当发电机变压器组跳闸变为两个系统，操作时应采用断开工作厂用变压器高压侧断路器，联跳低压侧开关，让备用厂用变压器开关联动投入，严禁常规直接并列；电源联络线跳闸，在未判明故障原因或未经调度许可，严禁强送或合环操作，防止非同期并列事故。

（8）选用手动准同期对发电机并网操作时，应根据断路器不同合闸时间，预测提前合闸角度，保证并列合闸后刚好在同期点上。

三、防止升压站全停电事故

（1）运行人员严格执行电网运行的有关规程、规定。操作前要认真核对接线方式、检查设备状况。严格执行"两票三制"，操作中不跳项、不漏项，严防发生误操作事故。

（2）加强防误闭锁装置的运行、维护管理，确保防误闭锁装置的正常运行，严格做好万能锁匙的批准使用管理。

（3）加强对升压站设备及各接头温度的监视，保证主变压器温度巡检仪的正常使用。

（4）双母线接线系统正常情况下应采用双母线运行方式，当一条母线检修时，应保证另一条母线安全可靠运行，防止因人为因素造成运行母线停电。当给停电母线送电时，应尽量用外部电源，若用母联充电时，充电保护一定要正常投入。

（5）直流系统应按正常的方式运行，尽量减少直流母线的并列运行时间，防止经负荷侧环网运行。

（6）加强熔断器的管理，正确配置直流系统熔断器，防止熔断器越级动作。

（7）定期对备用充电机进行试验，做到任一台工作充电机故障，备用充电机均可正常投入运行。

（8）严禁系统设备无保护或有严重缺陷保护投入运行。

（9）尽量减少主保护退出时间，如设有两套主保护时应至少保证一套主保护正常投运，对于另一套主保护应缩短其退出时间。

四、防止污闪事故

（1）掌握季节特点，对升压站设备认真巡视检查，重点加强对未装设增爬裙的绝缘支柱在夜间及有雾、阴雨、大雪天气时的观察，及时发现隐患并通知检修，以便及时采取有效措施。

（2）电气主系统尽可能保持全母线运行方式，母差保护因故障、断路器向量测试等需退出时，时间尽可能缩短，此时禁止母线倒排操作。尽量避免在大雾、阴雨、大雪天时操作升压站设备，特别注意主变压器操作，防止操作过电压。

（3）根据春、冬季晨雾、阴雨、大雪天气运行方式，做好防污闪事故预想，掌握规程事故处理方法，严防污闪事故扩大。

（4）对除尘器认真检查维护，保证各炉除尘电气设备的正常投运，调整电场电压、电流在规定值范围，发现缺陷及时联系检修处理，努力提高电场投入率及除尘有效率。

（5）积极配合检修部门做好升压站设备盐密测试与带电测试工作，以及各断路器、母线的停电清扫工作。

（6）污闪发生后的处理原则：一是优先保厂用电，注意防止厂用电非同期并列；二是防止联络变压器过载；三是不要将故障设备切至正常运行的母线上；对发生污闪后停电母线尽量采用零起升压等。

五、防止发电机损坏事故

（1）开机操作应防止升压过快，以防造成励磁系统不稳定和发电机过电压。升压操作应缓慢，采用点按方式，电压表指示缓慢上升，若表计有大摆、跳跃、卡住等现象，应立即停止升压，进行降压检查处理，发电机主要保护或表计失灵应禁止开机。降压时应将发电机静子电压降至最小后才能退出励磁装置。

（2）防止发电机变为电动机运行，当确认是电动机运行，有"自动主汽门关闭"信号或因故信号未发，应立即询问汽机班长，要求汽机班长尽快恢复，脱离电动机方式运行。当接到"注意"、

"机器危险"信号且发电机有功降至零时,应立即解列停机。

（3）防止发电机过负荷引起电机过热及机械损坏,认真监控,及时调整,掌握《运行规程》中发电机过负荷的处理办法。

（4）认真执行操作监护制度,启停发电机时应防止因误操作而损坏设备,提高异常分析、判断能力,正确处理发电机事故,防止扩大损坏。

（5）认真做好发电机绝缘定期摇测,绝缘不合格应及时汇报处理,发电机充氢前后应进行绝缘测量,非氢冷发电机停机后保温电源应及时送上。

（6）发电机充氢、排氢应按《汽轮机运行规程》规定执行。

（7）定期做好发电机巡回检查工作,及时发现碳刷冒火花缺陷。发现缺陷及时汇报处理,并定期对各励磁滑环进行清洗工作。

（8）发电机冷却水水质应保证合格,严密监视水压、流量、温升和发电机有否、漏水等情况。

（9）发电机冷却器水量应保证正常,定期做好反冲洗和滤网旋洗,遇水较脏时应加强反冲洗和滤网旋洗工作。正常运行应保证足够的水压。保证发电机在允许温度下运行。

（10）发电机温度异常升高,轴瓦振动严重超标,应按规程规定处理。

（11）防止系统故障、自动装置不正确动作、系统高频、低频对发电机振动发热影响,要求认真监盘,发现保护拒动,要立即手动断开有关断路器。

（12）发电机定子接地时间过长,会造成绝缘击穿,故检查时间要严格控制,不可超过 30min,否则应解列停机。

（13）发电机内部故障时,如保护拒动,应立即切断发电机出口断路器和灭磁开关,保护因故退出要取得上级调度许可。

（14）定期做好发电机转子绝缘监视工作和开机前连锁试验,正确投退发电机保护,严密监视发电机负序电流,发现异常及时处理。

（15）发电机在升压时,应控制励磁电压、转子电流不超过其空载值。

六、防止变压器损坏事故

（1）不准无保护投入变压器运行，运行中变压器熔断器熔断应及时更换，配上合格和符合要求的熔断器。

（2）保护失灵或因故退出保护应汇报值长，取得上级调度同意，并加强对主变压器的监视。当主变压器保护拒动时，应立即切断主变压器各侧断路器，按规程规定处理事故。

（3）防止变压器冷却系统故障，倒换厂用电时应注意有无备用电源，投运前应保证工作电源和备用电源正常、连锁正常、冷油器系统正常、冷却水阀门开关灵活、水压正常，合理控制水压和油压，严禁水压高于油压，潜油泵存在缺陷应及时联系处理，定期做好滤网反冲洗，保证主变压器冷却水正常。

（4）当主变压器冷油器故障退出时，应严密监视主变压器温升、油位、油色和声音情况，异常时及时采取措施。

（5）掌握变压器运行额定参数，认真监盘，重负荷时加强对主变压器的检查，电网运行方式改变引起过负荷时应及时汇报调整。本厂运行方式改变事先要预算是否可能造成过负荷，对调整无效的，按规程规定事故处理。

（6）对主变压器差动、重瓦等主要保护动作，应查明原因并消除后方可恢复投运。

（7）主变压器投运前，先投入油循环，经一段时间后再将主变压器投运，以防变压器进水受潮。

（8）操作断、合主变压器断路器前应先合上主变压器中性点接地刀闸（包括发电机对主变压器升压），以防主变压器绝缘击穿。当主变压器转检修时，中性点接地刀闸应断开，确保人身安全。

（9）运行中应加强巡回检查，认真观察油位、温升、呼吸器硅胶变色情况，有否漏油、放电现象，冷却器工作是否正常，发现异常及时联系处理。

七、防止继电保护不正确动作事故

（1）对母差、高频、差动、距离、零序等主要保护应及时投入运行，不得无故退出，否则要取得上级调度的批准。

（2）特别是春夏季，雨水多，设备极易受潮，各开关箱、保护控制箱、保护端子箱等箱门应关严，以防保护误动。同时加强检查开关控制箱、保护盘端子运行情况，发现受潮及时采取烘干措施。

（3）加强对保护装置的巡回检查工作，发现异常及时汇报处理。

（4）定期做好高频通道试验，严格遵守高频保护投退规定。

（5）加强直流系统运行监视，保证直流电压正常，发现直流失地及时联系有关部门处理，运行中各保护电源中断应及时查明原因并恢复。

（6）保护投退严格遵守规程规定。

（7）直流失地查找时，应注意对有关保护的影响。

（8）直流电源保险的配置应合理，符合设计要求，每月对直流保险的配置情况进行一次全面的检查，发现不符及时整改。

（9）TV异常运行（如一次熔断器熔断或二次熔断器熔断）应按规定将可能导致误动的保护退出，异常消除后及时投入。特别注意对母线低电压和辅机低电压保护的影响。

（10）各保护装置要认真做好定期试验工作，认真按定值调试，并按规定严格分布和整组试验，正常后方可随同一次设备投入运行。

八、防止过电压事故

（1）主变压器投运时，应先合上中性点接地刀闸（包括主变压器升压过程）。

（2）发电机升压过程中，应缓慢操作，严禁升压中突升突降，停机降压过程中也应缓慢进行。

（3）定期做好避雷器放电次数记录，放电次数增加应查明可能原因并及时向上汇报。

（4）认真执行巡回检查制度，及时发现避雷器、避雷针等设备隐患。

（5）做好避雷器在线电流的记录工作，发现异常应及时通知检修人员查明原因。

九、防止断路器事故

（1）认真巡回检查，发现断路器缺陷应及时联系消除。

（2）严格执行操作监护制度，杜绝误并列、非同期并列、带接地线、接地刀闸合断路器等误操作事故。

（3）当发现断路器操作机构问题（如空气压力低等）和断路器本体问题（如真空断路器和 SF_6 断路器漏气等）应立即汇报上级，要求停止对侧断路器或停机，时间许可的情况下，应作相应的倒闸操作，用母联断路器与其串接运行，闭锁故障断路器防止慢分爆炸事故。

（4）认真执行《运行规程》中有关规定，断路器达到跳闸次数时应汇报值长、省调，停用重合闸或停用断路器转检修。凡断路器事故跳闸后，应认真检查油色、SF_6 压力、操作机构的空气压力情况，并作好记录。

（5）正常运行中要注意观察断路器油色、油位、触头发热情况，真空断路器和 SF_6 断路器气体情况等，当断路器油色、油位或气体不正常时禁止分合闸，以防断路器爆炸。

（6）认真监视合闸母线电压情况，保证气体动作正常。

（7）严格做好设备修后的验收工作，凡气体有关参数不符合要求时不得投入运行。

第二节　汽轮机运行重点反事故措施

汽轮机运行重点反事故措施是依据《防止电力生产重大事故的二十五项重点要求》，结合企业现场实际，从运行角度出发，有计划、有目标，有针对性地制订的防止汽轮机设备重大事故、人身伤亡事故的重点运行技术措施，是有效开展反事故斗争的重要方法，是确保汽轮机设备安全运行的重要内容。主要措施如下。

一、防止汽轮机超速事故

（1）自动主汽门每班接班前进行门杆活动试验一次，每月真空严密性试验结束后对机组各抽汽止回门进行一次活动试验。

（2）每星期自动主汽门、调速汽门大幅度活动一次，用同步器逐渐降10％负荷，检查油动机、调速汽门动作过程应灵活后逐渐升负荷至额定值，但一个星期内机组有调峰时可不必活动调速汽门。

（3）当发现异常，如调速汽门关闭时会卡，应与炉、电、值长取得联系，由汽轮机用同步器增减负荷，达到活动调速汽门的目的，若活动无效时，可用撬棍助关，如果撬棍助关仍无效时，则应投入功率限制器，限制负荷在卡住开度以下，维持运行，并联系检修部门检查处理。

（4）在检修处理调速系统缺陷期间，应做好甩负荷事故预想，检查各保护正常投运，当运行中出现保护失灵时，立即联系检修部门处理，并做好有关事故预想。

（5）严格执行开机前的调速系统静态试验及各保护试验，并网前的调速系统动态试验。试验要求达到：各保护动作正常，调速汽门、自动主汽门和各机抽汽止回门在保护动作后能迅速关闭，动作可靠、关闭严密，试验不合格不得开机。

（6）机组大修后或停役期间调速系统有过检修，应进行汽轮机超速试验，机组已连续运行2000h应进行喷油试验，按规定做好调速汽门、自动主汽门、电动主汽门严密性试验，如不合格，应检查处理。

（7）开机冲转前须投入超速保护，超速保护不能可靠动作，机组重要监视表计，尤其是转速表显示不正确或失效，禁止机组投入运行。

（8）当发电机突然甩负荷发生超速而保护拒动时，必须正确处理：

1）立即手按停机按钮或跳机开关，破坏真空紧急停机；

2）若自动主汽门卡涩不能关闭时，应迅速关闭电动主汽门；

3）关闭抽汽止回门，若抽汽止回门卡涩，应迅速关闭相应加热器进汽门及供热抽汽、余热抽汽门。

二、防止汽轮机大轴弯曲，通流部分严重损坏事故

（1）机组启动前大轴晃动指示不超过交接试验原始值，轴向位移保护正常投入，开停机过程中严格控制上、下缸温差，相对差胀，在滑停时应保证主蒸汽温度与汽缸温度差在 30℃ 以内。热态机组启动应先向轴封送汽后抽真空、主蒸汽的过热度应有 50℃ 以上。主蒸汽温度应高于金属 50～100℃，在滑启停过程中应注意主蒸汽的温升、温降在允许值内，并保证有足够的过热度。

（2）汽轮机每次冲转前及停机后均应测量转子偏心度，盘车电流应正常。冲转前发生转子弹性热弯曲时适当加长盘车时间，升速中发现弹性热弯曲时加强暖机时间，热弯曲严重时或暖机无效时停机处理。

（3）汽轮机启动时应充分疏水，并监视振动、胀差、膨胀、轴向位移、汽缸滑销系统等，汽轮机上下缸温差或转子偏心度超限时禁止汽轮机冲转。

（4）汽轮机升速在 80％～85％ 额定转速，高中压转子处于临界转速时，应检查确认轴系振动正常，如果发现异常振动，应打闸停机直至盘车状态。

（5）当确认锅炉发生灭火时，密切注视主蒸汽参数的变化，通知司炉控制水位在正常范围，开启机侧的有关疏水，并根据主蒸汽参数适当超前降负荷运行；当运行中汽温直线下降（10min 内汽温下降≥50℃）时，立即破坏真空紧急停机，严防水冲击事故。

（6）停机过程中注意监视热井水位、各低压加热器水位，特别要注意上下缸温差，如果在轴封或汽缸的通流部分明显地听到摩擦声音，停下后应检查，修好后方可启动，打闸停机后注意记录惰走时间和盘车电流等参数。

（7）加强轴向位移与推力瓦块的温度变化监视，当推力瓦某一块温度超过 95℃时降负荷运行，控制推力瓦块温度在正常值范围内，推力瓦工作面与非工作面回油温度突升量应小于 5℃，否则应限制负荷或停机处理。

（8）凡遇紧急停机、故障停机、甩负荷及急剧降负荷时，必须立即退出三级抽汽、门杆漏汽，关闭三、二、一档漏汽门及退出高压加热器汽侧运行，操作后复查。

（9）汽轮机盘车状态需采取有效的隔离措施，防止汽缸进水和冷汽。注意切断与公用系统相连的各种水源、汽源、热井补水门、低压给水母管至抽汽联动装置水门、往氢站补水门，开启热井放水门，在热机状态过程仍应定期检查热井水位，防止热井满水至汽缸上造成大轴弯曲。

（10）严密监视除氧器水位，严防因除氧器水箱满水倒入轴封供汽系统至汽缸内。对各级抽汽止回门、门杆漏汽、一档漏汽、高压加热器疏水至除氧器止回门检修后加强质量验收把关。

（11）除氧器给水箱放水母管至炉疏水箱总门应保持全开，除氧器给水箱手动放水门开关应灵活。

三、防止汽轮机烧轴瓦事故

（1）机组大小修后或油系统和轴承拆开检修后应进行油循环，经取样油质化验、三级验收合格后方可允许机组启动。

（2）机组启动前投入低油压保护，检查油系统及各轴承回油正常，核对交、直流油泵的连锁定值及回路接线正确，凡轴承检修后，需做重点检查。

（3）加强油温、油压的监视调整，严密监视轴承钨金温度及回油温度，在线滤油装置运行正常，油质符合标准，发现异常及时查找原因并消除。

（4）油系统设备自动及备用可靠，运行中油泵或冷油器的投退切换正常，严防断油烧瓦。

（5）机组启动过程严格控制振动值。

1）转速在 1300r/min 以下机组振动超过 0.03mm 时应停机，待查明原因，正常后方可重新启动，过临界转速时，如果轴承振动超过 0.1mm，应打闸停机。

2）启动升速时，发生振动比以往相同转速下有增大（含临界转速在内），应降低转速至振动消除为止，暖机 10min 后重新升速，振动仍增大，将重复上述操作，但不得超过 3 次，否则应停机查明原因。

3）机组启动在转子冲动后，发现轴封或机组内部有明显的摩擦声音或冒火花，应停止启动，打闸后注意惰走时间，停机查明原因后方可重新开机。

（6）机组在运行中发现振动增大时，应检查润滑油温、润滑油压正常，各轴承的回油量及回油温度、主蒸汽温度正常，透平油油质合格，汽轮机汽缸膨胀情况及相对差胀在允许值内，发现异常，应联系检修部门检查处理，同时减去部分负荷，直至振动消除为止。

（7）运行中冷油器切换、投入、退出操作时，按操作票顺序和规程规定缓慢、慎重进行，严防断油烧瓦，严禁操作人与监护人同时操作及一个人同时操作两个阀门。

（8）运行中应密切注视汽轮机组监视段压力和轴向位移指示、推力瓦温度、推力瓦回油温度，当轴向位移保护动作后，严禁挂闸冲转，待查明原因消除缺陷后方可重新启动。

（9）对各主油箱油质，要求化学每周取样一次化验，保证油质合格，严防因油质不良引起润滑和调速系统故障。

（10）停机前认真试转交流高压油泵、交流及直流润滑油泵、顶轴油泵及盘车电动机，并做好有关参数记录。

四、防止汽轮机压力容器爆破事故

1. 防止压力容器爆破措施

（1）定期对压力容器（除氧器、高压加热器、集汽箱、连排）安全阀进行动态试验，明确机组在额定负荷时不开二、三级抽汽联络门。

（2）除氧器投入前应检查自动调节门是否灵活，各杆连锁是否完好。运行中监控除氧器压力，确保压力在允许值内运行。当除氧器补水中断（一般指补疏水的情况下），除氧器压力在极限时，负荷突增，此时由于三级抽汽压力高，应迅速开启低压加热器水侧旁路门，降低上水温度或降低负荷，以达到降低压力的目的。

（3）注意调整进汽压力和补水量，严防机组负荷突降、进入除氧器的水温过低，而造成除氧器汽化振动使管道、阀门垫片击穿。

（4）汽轮机轴封漏汽量大及门杆漏汽量大，压力温度参数高时二档漏汽送往除氧器。

（5）严防三级抽汽调节阀泄漏大，致使除氧器超压，调节阀前手动门运行中应处关闭或节流状态，遇甩负荷或急剧降负荷时立即开启。

（6）当机组缸面漏倒入集汽箱时，应适当开启集汽箱疏水门。

（7）运行中加强除氧器、高压加热器、低压加热器水位的监视，防止满水造成压力容器的爆破事故。高压加热器运行中发现钢管破裂，应及时退出运行，在进汽门无法关严的情况下，严禁关闭高压加热器进出水门。

2. 防止供热抽汽管道、减温减压器爆破措施

（1）运行中加强监视供热抽汽压力，及时调整供汽量，确保压力在允许值内运行，注意及时与热用户联系、了解热用户的生产情况，防止热用户突然停止用汽造成供热管道、减温减压器超压。

（2）定期对减温减压器安全阀进行动态试验，确保安全阀整定值准确，安全阀可靠动作。

（3）若供热管道长，在进行供热抽汽投运操作时，操作应缓慢，应加强设备、沿途管道的疏水暖管，防止水击，从而造成减温减压器、管道、阀门的振动、位移、爆破、泄漏等事故。

（4）运行中进行供热不同汽源切换操作时，应加强联系，缓慢操作，严防阀门开启过快，造成设备超压。

（5）在供热系统设备停电检修后恢复送电时，供热压力调节阀应正常可靠，严防调节阀自行开启，造成设备、管道超压。

五、防止高压给水泵倒转飞车事故

（1）给水泵必须定期轮换运行或试验，严防因长期停用由自重所造成的泵轴弯曲、锈蚀和卡涩。

（2）正常停泵操作时，必须严格执行操作监护制度，按操作程序关闭出口门后再停泵。

（3）若运行中给水泵跳闸，备用给水泵自启动，而故障泵不倒转、辅助油泵能联动（若不联动应抢送），也应迅速关闭出口门，联系检修部门检查处理。

（4）给水泵跳闸或切换泵过程中，发生泵倒转，应迅速启动辅助油泵并关闭出口门，手动摇紧，然后联系检修部门检查处理。

（5）若因给水泵倒转造成给水压力低，无备用泵单元的，应迅速降低负荷，同时与司炉、值长取得联系，严防由于给水泵恢复正常后，炉来不及调整给水量，造成汽轮机内产生水冲击。

（6）办理检修给水泵安全措施时，必须确认出口门关严，最后关闭进口门。

六、防止汽轮发电机损坏事故

（1）严格控制氢冷发电机氢气的湿度在规程允许的范围内，进行氢气置换时，必须在转子静止的情况下进行，机组大修后气密封试验不合格则不得投入运行。

（2）密封瓦间隙必须调整合格，密封油系统油压应调整正常，排油烟机应可靠运行。当发现发电机大轴密封瓦处轴颈有磨损的沟槽，应及时联系处理。

（3）为防止发电机漏水，重点应对绝缘引水管进行检查，引水管外表应无伤痕，通过窥视孔检查发电机内部无漏水现象，当水内冷发电机发出漏水报警信号，经判断确认是发电机漏水时，应立即停机处理。

（4）严格保持发电机转子进水支座石棉盘根冷却水压低于

转子内冷水进水压力，以防石棉材料破损物进入转子分水盒内。

（5）加强发电机进、出风温度的监视，温度升高应及时检查冷却器的工作情况，调整循环冷却水量。

七、防止水淹水泵房、水工系统事故

（1）汛期每个班要了解上游水电厂发电情况，做好事故预想，班组长每班至少一次到水泵房对各设备进行全面检查，异常情况及时向值长汇报，并全盘指挥本班人员的处理和操作。

（2）禁止在泵体内积水未抽干或抽干后 1h 泵体放空气门有水排出的情况下办理工作票许可手续，办理循环水泵检修安措时严格到现场检查安措执行情况。

（3）对水泵房的设备缺陷应及时联系，督促检修人员处理，并积极采取措施。

（4）水泵房运行值班人员每天交接班前要求对排污泵进行检查，设备缺陷及时记入设备缺陷双联单和运行日志中，遇排污泵缺陷不能运行应联系检修人员增设潜水泵备用。

（5）每小时对循环水泵及进口门、格兰、轴承冷却水量进行一次检查，发现格兰漏水大或喷水，应及时联系检修部门处理。

（6）排污泵长时间运行，地沟水位下降较慢时，应查明原因，发现泵体或进、出口管大量漏水时应立即停下循环水泵，关闭进、出口门。

（7）办理循环水泵检修安措时先关闭出口门和联络门，然后关闭运行泵冲洗门，之后方可关闭进水门，开启泵出口门前放水门。

（8）严密监视水泵房排污井水位，异常情况需加强检查，确保排污井不满水。

（9）合理调整循环水泵运行方式及调整各凝结器通水量，运行中保持有一定数量的备用循环水泵，凝结器进口保证有一定的进水压力。

（10）加强水工系统的巡回检查，认真执行定期工作和各项反措，及时发现水工系统的设备缺陷，当水工系统缺陷已整体威胁安全时，必须立即联系检修人员处理，不得延误，并做好事故预想。

（11）加强对各循环水泵电流、母管水压的监视，加强水泵房旋洗一次滤网。在水质异常情况下，一次滤网旋洗来不及，立即启动备用泵，必要时开启循环联络门，调小凝结器通水量，根据真空情况及时降低负荷运行，当凝结器真空较低时，严禁退出低真空保护。

（12）当得知上游的水电机组发电或大量放水情况后，应立即采取相应的措施，并将情况记入运行日记进行交接。

（13）水泵房值班人员每天接班时，均应检查操作系统的工作情况、一次滤网转动旋洗与一次滤网冲洗水喷嘴冲洗正常，排污泵自启停正常，各备用泵正常，进、出水门应开启，无倒转，并注意河床水位、水质的变化。每天交班前、接班后均应将设备运行及检查情况向值班负责人汇报。

（14）汛期期间加强对一次滤网进行一次旋洗，遇下暴雨河床水位猛涨，水较脏时，运行泵的一次翻板滤网增加旋洗次数，连续旋洗时间不少于 15min，旋洗时有专人在场监护。必要时，视滤网完好情况可连续旋洗，但应加强巡检次数。同时，对备用泵的一次翻板滤网每班接班后应旋洗一次，防止水中杂物卡死损坏设备。

第三节　锅炉运行重点反事故措施

锅炉运行重点反事故措施是依据《防止电力生产重大事故的二十五项重点要求》，结合企业现场实际，从运行角度出发，有计划、有目标、有针对性地制订的防止锅炉设备重大事故，人身伤亡事故的重点运行技术措施，是有效开展反事故斗争的重要方法，是确保电气设备安全运行的重要内容。主要措施如下。

一、防止锅炉灭火放炮事故

1. 做好风量、燃料量的调整

（1）保证有合理的空气量，调整烟气含氧量在 2%～5% 之间运行。

（2）同层次风速应均匀，四角同层风速差≤5m/s，固态炉一次风速调整在 24～30m/s 之间，一、二次风速调整禁止单纯以开度为依据，应以风速表为依据，当单台送风机运行时，应降去部分负荷，开大一、二次风门，保证一、二次风有足够的风速。

（3）当汽压高或停运部分给粉机时，要保证给粉机有足够的浓度，不允许多台给粉机低浓度运行。粉仓下粉不畅而给粉机转速全部增高达 800r/min 以上时，应及时增投油枪，将给粉自动调节切为手动调整，并派人敲打给粉机上粉管，检查各台给粉机运行情况，粉位、各粉嘴来粉情况，分析原因，有针对性地采取相应对策。当出现给粉量猛增猛减，汽压仍较低时应联系汽轮机适当压去部分负荷，必要时启动制粉系统或启动绞笼由邻炉向本炉送粉。

（4）负荷较低时，上、中层给粉机转速低于 100r/min，此时应适当停役上层给粉机，保持较高的煤粉浓度，或适当降低三次风率。下排给粉机转速最低不得小于 300r/min，以保持炉膛根部燃烧稳定，甩负荷时适当开启向空排汽门。

（5）注意经常监视一次风速与风温变化，勤调给粉均匀性，严防粉管堵塞。

2. 加强制粉系统调整

（1）正常情况制粉系统的启动、停止、抽粉、调整通风量等操作，事先均应征得监盘司炉同意后进行缓慢调整操作。

（2）根据各台炉的特点，合理调整，保证粉仓粉位在上下限之间，加强粉仓检查，绞笼吸潮管有足够的吸潮量，严防煤粉结块搭桥。

（3）严格控制煤粉细度。对于无烟煤，固态炉 R_{90} 控制在小于 4%，液态炉控制在不大于 5%。

（4）合理使用再循环门，降低三次风率，控制三次风速不大于 60m/s。

（5）控制给煤量均匀，防止给煤量忽大忽小或抽粉。

（6）制粉系统异常影响燃烧时，应立即查清原因，给予消除，影响较大时应立即停运制粉系统。

3. 落实安全技术措施

（1）燃烧不稳定时，不准出渣，出渣操作一定要先出完一侧后，再出另一侧，出渣完毕要尽快建立水封，防止冷风大量漏入炉内。

（2）升降负荷调整应缓慢，司炉、制粉值班工与汽轮机值班工紧密联系加强配合。交接班前后 0.5h 内尽量不进行对燃烧有影响的重大操作。

（3）经常对喷燃器进行清洁打焦工作，发现有焦及时清除，并对油枪的雾化情况进行检查。对燃油压力和温度的变化情况加强监视，保证燃油温度在高限运行，严禁液态炉往渣口喷水或固态炉水封槽无水运行。当水封槽长时间断水，补水要缓慢进行，并通知司炉注意保持工况稳定。

（4）炉子点火启动过程中换大口径油枪运行，非特殊情况在炉子带满负荷稳定运行之前不办理燃油系统有关检修工作票和检修工作。

（5）下层给粉机严禁投自动运行，汽压高注意氧量稳定或回升，立即稍增给粉量，防止脱火。

（6）当锅炉发生灭火时，应停止所有给粉机及制粉系统运行，严禁采用爆燃法引爆点火，应按规程顺序通风 3～5min 后重新组织工况升火，杜绝放炮现象。

（7）现场备足备用火把和点火用油，供紧急备用。

4. 严格运行管理

（1）提高监盘质量，严格执行"三不离制度"，即"眼不离表计"、"心不离分析"、"手不离把手"，严禁围坐闲谈、打瞌睡等违规行为。

（2）每次大、小修时均应严格检查变形的喷燃器口的修复情况，一、二次风门开关应灵活，表盘开度指示与就地实际开度是否一致，卫燃带脱落部分，是否修补完好，确保检修质量。

（3）加强设备巡回检查，提高巡检质量，司炉接班时对本炉燃烧工况及配风情况做到心中有数，定期检查时应查明各喷燃器风速有否变化，是否正常，炉内工况是否正常，给粉机运行状况是否良好。

（4）经常检查喷燃器风速指示：查对风速是否均匀，分析配风是否合理，特别是一次风速应选择得当，保持有一定的煤粉浓度，又有足够的送粉能力。

（5）加强一、二次风速表的检查和维护，保持准确好用，完善灭火信号和灭火保护装置，提高氧量表的投入率。

（6）每月进行一次燃烧经验交流会，及时推广先进操作经验。

二、防止锅炉承压部件爆漏事故

1. 做好运行调整

（1）锅炉点火时，定期切换对角油枪运行，保证水冷壁管膨胀均匀。

（2）锅炉启停过程中按时抄录各膨胀指示值，发现膨胀不均匀应积极采取措施。

（3）启停炉过程中上水或停止上水时要注意正确使用省煤器再循环门，防止给水直接进入汽包或省煤器缺水过热。

（4）正确调整燃烧中心，严防燃烧中心偏移而造成水冷壁管或过热器管过热。

（5）严格控制锅炉出口过热汽压、锅炉各段汽温与过热汽温。

（6）落实执行防止锅炉灭火放炮措施，避免燃烧不稳和灭火放炮。

（7）合理调整锅炉配风和煤粉细度，防止锅炉析铁的发生。

（8）严格控制汽包水位在±50mm。锅炉上水时间：中压炉冬季大于 3h，夏季大于 2.5h；高压炉冬季大于 4h，夏季大于 3h。

（9）严格控制锅炉上水水温：热炉时给水温度与汽包壁温差≤60℃，冷炉时疏水泵上水水温与汽包壁温差≤40℃。

（10）锅炉启动过程中，维持低水位运行，底部放水多于两次，放水时应全部排放，对膨胀小的回路应多放一次。

（11）正常运行中，底部放水，定排时严格控制，禁止两支及以上的管道同时排放，禁止一支管连续排放超过 1min。

（12）喷燃器除焦及渣口打焦时应注意防止打伤承压管子。

2．加强运行维护

（1）水压试验严格按运行规程规定的注意事项进行，水压试验后，所有炉水放完，重新上水方可点火。

（2）每季度定期动态试拉安全门一次，每月定期进行紧急放水电动门、备用给水门试验一次。

（3）严格执行巡回检查制度，及时发现承压部件异常，及时联系检修部门处理。

（4）按照运行规程有关规定控制时间，严防锅炉熄火后冷却、放水过快而造成锅炉承压部件爆漏。

（5）液态炉燃烧室清灰、清析铁时禁止大量冲水，并注意防止工器具碰伤炉管。

（6）严格把好设备验收关，防止膨胀指示器不齐、受热面管子损坏未修复等而投入运行。

3．正确处理事故

（1）发生锅炉灭火时禁止使用爆燃法点火。

（2）汽包水位达极限时紧急停炉。

（3）发生承压部件泄漏时，及时向上级汇报并申请停炉，同时做好事故预想。

（4）液态炉发生析铁时积极采取控制措施，严重析铁时，要立即熄火，待冷却后重新升火，防止氢爆损坏设备和割穿炉管。

（5）干锅紧急停炉后关严各进水门。

（6）锅炉超压安全门拒动而排放汽门打不开时要紧急停炉。

三、防止制粉系统爆炸事故

1. 做好运行调整

（1）严格控制球磨机出口风温≤120℃。

（2）熄火停炉而停运球磨机或需要检修的球磨机停运必须抽粉干净。

（3）精心监控，注意防止球磨跑粉。需要停炉三天及以上，停炉前应尽可能将粉仓煤粉烧空。

（4）正常运行中需经常检查粉筛和锁气器无堵粉、各手盖关严、粉仓吸潮门开启、停炉后关闭。

（5）正确调节润滑油量，防止机油泄漏，设备场地漏油应及时清除。

（6）严格控制粉仓温度≤100℃，发现异常应及时采取果断措施处理。

2. 加强运行维护

（1）认真检查设备，发现漏煤、漏油、防爆门腐蚀或残缺、制粉系统漏风等情况应及时联系检修部门处理。

（2）清粉仓时，禁止使用明火，粉仓内照明应使用防爆灯，确需动火工作，必须采取可靠的安全措施，并办理动火工作票。

3. 正确处理事故

（1）当粉仓温度大于球磨出口风温时，每天不少于3次轮流将左右侧粉位降至零。

（2）当处理跑粉、堵粉时周围严禁明火。

（3）当制粉系统设备发生自燃时，立即停运排粉机，隔绝空气，当对流温度无法下降时，开启有关检查孔用泡沫灭火器灭火。

四、防止压力容器爆破事故

1. 做好运行调整

（1）参照执行防锅炉承压部件爆漏事故措施。

（2）运行中应经常监视空压机一、二级储气罐气压在规定值内。

2. 加强运行维护

（1）禁止向燃油管道冲水，防止保温层脱落而腐蚀管道。

（2）每年一次对减温减压站安全门和空压机储气罐安全门进行动态试验。

3. 正确处理事故

（1）参照执行防锅炉承压部件爆漏事故处理措施。

（2）发现空压机一级气压达 0.3MPa 或二级气压达 0.8MPa 而减荷阀不动作时应立即停运空压机。

（3）发现储气罐或压缩缸腐蚀时及时联系检修部门处理。

（4）发现储气罐压力达整定值而安全门拒动时紧急停运空压机。

（5）因冷却水中断而停运空压机后禁止马上开启冷却水门，待排汽温度低于 50℃ 时方可开启冷却水门。

五、防止球磨机烧瓦事故

1. 做好运行调整

（1）夏季控制球磨出口风温不超过 110℃，其余季节控制风温不超过 120℃。

（2）正常运行中停球磨机将球磨机出口风温降至 70℃ 以下，停球磨机 2h 后方可启动，启动前暖机出口风温应不超过 80℃。

（3）紧急停球磨机时，应留排粉机加强冷却，待出口风温降至 50℃ 时方可启动。

（4）新修大瓦投运的球磨机，应先冷风制粉 30min，然后在 4h 内缓慢将出口风温升至 60℃，并维持 4h 运行，再按每小时出口风温上升 5℃ 的速度升至 90℃，并维持 4h，待一切正常后可按上述第（1）点控制。

（5）新修大瓦投运的球磨机正常保持连续运行 72h 后方可停运，否则，须降出口风温至 60℃ 以下再停运，启动时按照新修瓦后首次启动要求按上述第（4）点进行，并请检修人员协助，在大瓦油窗处往轴径加 2kg 过滤的齿轮机油。

（6）启动或停止球磨机之前，要先启动顶轴油泵运行。投用滤油器，每班盘动一次。

（7）使用冷油器，控制回油温度，夏天不超过 15℃，冬天不超过 40℃。

（8）启动球磨机前，油循环不得少于 1h，停球磨机后保持油循环不得少于 0.5h。

（9）严格执行监盘制度，防止球磨机跑粉，及时发现筒体、端盖漏粉，及时停运处理。

（10）发现瓦温或回油温度上升较快，虽未达紧急停球磨机温度上限值也要紧急停运，停运后联系检修人员共同判断有无烧瓦。

（11）添加钢球时，控制试验过的经济球磨电流合理值。

（12）严密监视球磨机电流，不正常升高应立即停运，判明原因，查无异常后方可再次启动。

2. 加强运行维护

（1）保持现场整洁，各视油窗清晰，照明充足，以方便检查。

（2）每小时检查球磨机两次，第一次着重看下油情况及瓦温，回油温度变化情况；第二次全面检查，对瓦温、回油温度每隔 0.5h 记录一次，检查时应手摸回油管，以防温度计失灵造成误判断。

（3）巡检时发现瓦温或回油温度上升，需适当加大冷却水量和下油量。

（4）小牙轮轴承振动达 160μm，加足润滑油后仍无效，应停运联系消缺。

六、防止重油进入蒸汽系统事故

1. 做好燃油系统的操作

（1）燃油系统操作前先填好操作票，通知邻炉及油库。操作时严格执行操作监护制度，操作后进行复查，15min 后再复查一遍。

（2）投退油枪前，应检查油压指示，认清阀门名称，操作时，关闭的阀门要关严但要防止用力过大使阀门损坏，操作后应检查所有操作的阀门开关状态无误、油压正常。

（3）认真监视燃油压力、流量、油温指示，发现异常应立即汇报值班负责人，联系邻炉，通知油库检查燃油系统是否有泄漏现象。

（4）严格执行规范化操作步骤，除了投退油枪之外，其他所有油系统操作后，都必须在母管上放汽检查。

2. 做好锅炉点火前底部加热器的操作

（1）将燃油系统与自用蒸汽系统可靠地隔绝并挂警告牌。

（2）开启底部集箱疏水门，用干净的布接疏水放出来的蒸汽，确无油花后方可开始加热，在加热过程中的前2h应每隔0.5h开启疏水门复查蒸汽品质一次。

（3）点火后即可停用炉底加热，停用之前应再开启疏水门查看一遍是否确无油污染。

3. 加强安全技术措施

（1）对燃油系统巡检或进行除焦工作时，应查看备用油枪是否有油喷入炉内。

（2）经常检查油枪，运行时该角伴热管不发烫，油枪停用时进油管不发烫。

（3）一般情况下锅炉自用蒸汽母管不与本车间自用蒸汽母管并联运行，以防油污染时重油倒入汽轮机二级抽汽母管内。

（4）特殊情况需要将锅炉自用蒸汽母管与车间自用蒸汽母管并联运行时，锅炉就地自用蒸汽出力不得大于额定压力。

七、防止液态炉析铁事故

（1）将竖直方向上的第一根渣口管设为最外的管子，该管子须经过磁化处理，其余渣口管依次缩排在前一根管子后面。坚持渣口管补焊销钉、铺设卫燃带，避免渣口光管裸露。

（2）标定一次风速适当提高，加强一次风刚性，减少掉粉。

下层二次风速适当大于上层二次风速，避免炉底缺氧燃烧。

（3）燃料上煤时尽量除去煤中的铁件，减少入炉煤中含铁量。

（4）经常清除喷燃器口上的焦渣，保持良好的工况。尽可能保持负荷稳定，减少调峰量。

（5）严格控制煤粉细度 R_{90} 在设计值，保持渣口流渣正常，正常时应在低渣位运行，坚持勤检查，发现不正常情况及时调整。

（6）运行中出现少量的流铁（如渣中夹带铁水、间断性的或小量连续性的铁水）要顺其自然，尽可能让铁水流掉，不得强行控制，避免炉底大量积存生铁。

（7）若渣位较高时，应适当提高一次风压运行，注意避免炉底缺氧燃烧而产生还原性气体。同时，通知燃料运行人员禁止向该炉上与设计值偏差大的原煤，避免因煤质影响引起更高的堆灰或炉温升高过多使渣位下降太快。一旦有停炉机会，即组织清灰，机组大修时要求清除炉底积铁。

（8）炉内发生少量堆灰时，要检查分析原因，采取相应的措施，切不可急于调整造成工况恶化，特别注意严禁关小某一个角的下二次风的风门进行化焦而导致加剧析铁过程。

（9）保持渣船水封的水温不超标，渣口流铁时，禁止向内喷水，发现大量流铁或氢爆时，要远离渣船，并向上汇报处理。

（10）若发现流铁较大时，应打开焦门和观察孔，让氢氧分解产生的气体迅速排走，尽可能开大冲渣水，降低渣船水温，适当调整上、下二次风门比例，增加下层二次风速，球磨机在停运状态，应立即启动以降低炉温。

（11）经过采取各种措施后均无法改善情况、流铁量继续增加、产生间断性的氢爆，危及设备安全时，要果断停止给粉、制粉系统运行，保持油枪维持较大风量通风冷却，迅速降负荷，减少锅炉储热损失，以利维持蒸汽参数，待流铁制止后重新调整工况升负荷。

八、防止固态炉结焦事故

（1）加强对入炉煤质的监控，尽可能使煤质成分与设计用煤相符，如果挥发分高于锅炉燃烧设计值，就要特别注意结焦情况，可以通过掺烧除焦剂、减弱燃烧、联系掺配煤、必要时减少负荷等方式降低炉膛热负荷，避免严重结焦。

（2）加强燃烧调整，根据实际情况提高燃烧切圆均匀程度、适当控制炉温。

（3）经常观察炉内结焦情况，发现个别喷燃器口结焦多，及时适度调整该喷燃器口的风速，从提高该点温度和改变刷墙的趋势修改风速，以减轻结焦。

（4）适当控制热风温度不超过额定值，避免炉温过高使结焦恶化。

（5）每月检查 6m 观察孔结焦情况三次、检查 9m 人孔门结焦情况一次，发现问题立即组织处理。

（6）保证每班两次出渣并见红渣，保证渣沟水位正常，接班开人孔门检查，有问题及时处理，夜间发现大块堵焦要作好记录，并保持出渣。

（7）控制煤粉细度不超过 6%，减少结焦水平。

（8）加强每班除焦工作，现场备用足够的除焦剂，发生掉焦正压达 1500Pa，当班立即安排掺烧适量除焦剂，正常情况，每运行 10d 掺烧一次，并作好记录。

九、防止锅炉尾部烟道再燃烧事故

1. 防止运行中锅炉尾部再燃烧措施

（1）加强对燃烧中心的控制，在二次风速的配比上，不能过于减小上层风速。

（2）严格对二级省煤器入口烟温的监测，发现不正常地升高或上升速度较快，应立即采取措施，如加大上层二次风速，减小下层二次风速，降低燃烧中心。

（3）加强对燃烧工况的调整，尽可能促进燃料在炉膛的燃尽，降低飞灰含碳量。

（4）运行中如发现主汽温度不正常升高，减温水自动调节开大较多，应立即切自动调节为手动调节，以二级减温器出口汽温为调节依据。同时司炉应查看尾部烟道温度测点，对炉内工况进行调整，降低各测点温度。

2. 防止锅炉灭火处理中尾部再燃烧措施

（1）发现锅炉灭火或局部灭火，应立即全部退出燃料的供给，全关给粉机，退出油枪，维持炉内风量进行通风，并按规定保证通风时间。

（2）锅炉灭火后特别要注意对各级汽温的监视，重新组织燃烧后，如发现汽温上升很快，应瞬间开大减温水，发现二级减温器出口汽温开始下降，即要关小减温水。同时减少给粉量，关小总风量，必要时，可人为全减燃料，避免发生严重的尾部燃烧。

（3）重新组织燃烧时，如投粉后不会着火，应全关给粉机，并进行通风，避免煤粉在尾部着火，重新配风后，再试行投粉。

十、防止锅炉汽包满水和缺水事故

1. 防止给水调节失灵造成满缺水

（1）主给水调节门、备用给水电动门、备用给水调节门、紧急放水电动门应按定期试验制度进行开关试验，发现缺陷及时联系处理，不得拖延。

（2）主给水调节门正常运行时的开度保持不大于65％，若给水流量不能满足要求时，则使用备用给水与主给水并列运行，各炉备用给水电动门保持常开状态。

（3）无论是正常调节还是事故处理，均不允许将主给水调节门全开，主给水调节门在全开后易发生卡涩，在事故处理时主给水调节门最大允许开度为90％。

（4）在汽包水位调节过程中应严密监视给水流量及给水压力的变化，尽量避免发生备用给水泵联动，若备用给水泵已联动，应根据汽包水位及时联系汽轮机停止联动给水泵运行。

（5）在水压偏高，给水流量无法降低时，应随时准备开紧急放水门，必要时应先开启紧急放水一道门做好放水准备，开紧急放水应有一定的提前量，不得待水位已达危险水位时才放水。

（6）当发生主给水调节门卡涩现象后，应立即派人到就地手摇开关，使其保持适当开度，改用备用给水门调节。

（7）若主给水调节门卡涩在较小开度位置，给水流量偏小时，除立即派人到就地手摇开大外，应立即投用备用给水管道或开大备用给水调节门，仍不能满足需要时，应联系汽轮机运行人员降低负荷运行，并注意尽快减弱燃烧，避免开向空排汽。

（8）若主给水调节门卡涩在较大开度位置，给水流量偏大时，立即关小或全关备用给水调节门；给水流量仍偏大时，应当机立断关闭主给水电动门，之后再到就地手摇调整主给水电动门开度，保持节流运行，改用备用给水管道运行；待水位正常后再到就地手摇主给水调节门，并联系处理缺陷。

（9）不得采用关闭主给水总门的方法来控制汽包水位，以免造成扩大事故。

2. 防止锅炉灭火处理时汽包满水和缺水的措施

（1）灭火处理中，汽轮机调整负荷时不得大起大落，应配合锅炉参数，进行调整，并加强联系。

（2）锅炉参数控制稳定升降，在较低负荷时，如主给水系统均泄漏较大，调节方法参照给水系统失灵处理。

（3）汽包水位的调节应有专人负责，发现水位有偏离正常值较多时，监护人应立即提醒，杜绝现场无人监护的现象。

（4）在开启紧急放水门后，要杜绝私自关小而造成缺水。始终要有专人控制水位，在水位已下降到零水位时才能关闭紧急放水门。

十一、防止热工保护误动作事故

（1）每月由运行通知有关检修人员到场，共同试验脉冲式安全门脉冲电磁铁回路及其机械是否完好、灵活（即进行静态试验，包括停运机组均应参与）。

（2）备用球磨机每周进行一次油循环，启动运行时间为 1h。运行岗位人员每周检查一次润滑油中是否带水，发现低位油箱油位低应及时联系专业加油。

（3）运行岗位人员要加强除焦，保证锅炉四角火焰探头无严重结焦，各指示灯正常，以确保锅炉火焰保护不误动。

（4）设备巡查时，注意检查热工保护线路有否被损坏，有缺陷及时联系检修部门处理。

（5）严禁制粉系统润滑油的高位油箱浮筒接线盒、电接点压力表接线、安全门动作电接点压力表等冲到水。

（6）任何时候做卫生必须先将热工电动头用防雨布遮盖，进行锅炉本体卫生时注意不得将水冲到炉顶安全门机械、电气部分，以免造成安全门动作。

十二、防止灰管堵塞事故

（1）玛泵电动机电流、玛泵出口压力每小时检查两次，注意变化趋势，当玛泵出口压力明显下降时，请示切换。并分析原因，检查是玛泵功率降低还是灰水浓度低，以确定处理方法。

（2）如事故紧急停泵，应及时启动高压冲洗水泵冲洗灰管，备用泵启动前联系电气运行检查电动机绝缘，发现设备有缺陷应及时联系检修部门处理。

（3）玛泵打清水期间必须保证搅拌桶内水位正常，以避免打空泵。玛泵阀箱冲刷严重，有一个隔离罐不会做功，造成压力降低至下限时，就要切换备用泵运行，故障泵打清水后应停运检修。

（4）怀疑灰管有堵时的顶压操作应注意：关闭相应的玛泵出口门，全开高压冲洗水泵的入口、出口门，全开该管的泄压阀，启动高压冲洗水泵，密切监视冲洗水泵出口压力，发现压力升到高限值以上立即停泵，逐渐关小泄压阀，如压力再升到高限值立即开大泄压，控制在正常压力对管道进行顶压。

十三、防止出渣、除焦过程中人员烫伤事故

（1）进行出渣、除焦作业前要先检查工作场地是否合乎安全规定，有否存在不安全隐患，如存在可能掉落重物、地面踏板不牢固等安全隐患时，要先采取防范措施，确认安全后才可开工；

（2）进行出渣作业前，值班负责人应先对周围环境进行了解，决定是否安排人员监护，如出渣机卡，或渣床堵焦等，应当监护的，监护人必须到位，必要时还应在工作场地四周围上护栏，避免无关人员进入。

（3）出渣开工前拉大炉膛负压，稳定燃烧，对工器具进行检查，确保安全可靠。如出现钢丝绳已局部断丝，焦棍严重弯曲等不可靠情况时，要进行更换。

（4）操作时严格执行《锅炉运行规程》、《电业安全工作规程》的规定，严禁违规操作，粗鲁蛮干，而是要事先看好退路，以防不测，必要时迅速退出。

（5）操作中一旦发现不安全的可疑迹象，应立即停工，彻底排除危险情况后才能重新开工。如遇灭火等事故发生，要派人通知现场作业人员立即停工。

（6）工作完毕，要关闭出渣门，打焦孔等，将设备恢复正常运行状况，避免不知情者被误伤。

十四、防止环境污染事故

（1）加强设备系统的巡回检查工作，尤其对燃油系统操作后重油、轻油系统进行重点检查，凡转动机械发现润滑油泄漏时，应用破布将漏出的润滑油擦干，严禁用水冲洗，防止漏油进入厂区下水道而流入河道。

（2）对各转动机械应细心加油，防止油位过高造成润滑油泄漏，对引风机、球磨机等采用连续下油的转动机械，注意调节下油量及注意检查进、回油母管运行情况。重油、轻油严禁向地沟进行吹扫、排油工作，对疏水管排向地沟的应防止疏水带油进入地沟。

（3）锅炉点炉时，及时点火并注意油枪的着火情况，尽可能快速配好风量，防止未燃烧的轻、重油掉入冷灰斗内而排入渣沟，应减少冒黑烟，渣沟内发现有重油，及时组织人员进行回收，严禁大量重油随冲渣水排入河道或打入灰场。

（4）转动设备轴承、油箱加油及换油进行回收，油系统设备管道检修时，积油应排至油桶，注意防止二次污染。

（5）球磨机发生跑冒煤粉时，应立即控制停止跑冒，然后清扫到垃圾堆或灰浆泵灰沟，剩余极少的煤粉再冲入渣沟。一旦发生机油排到球磨机后沟的情况，应立即采取措施控制漏油，然后全关排到该水沟的冷却水，组织人力用破布吸收沟内的油污。

（6）低位油箱的冷油器是漏油多发点，务必严格执行冷油器的投退操作票，低位油箱污油坑的污油只能用小桶吊装后，倒在灰浆泵灰沟。严格操作监护制度，杜绝燃油系统操作的失误，尤其杜绝冷炉情况下重油漏到炉内，否则有可能顺着渣船水排到河中。

（7）加强对各烟囱排放的监视，司炉每班按规定检查电除尘振打，并随时检查各电场电压，发生异常浓烟，一般是振打不动作、电场失压，应立即联系相关人员检查处理。

（8）对氨保养的锅炉进行清洗后，炉水应尽可能排到定排扩容器，再排到灰浆泵灰沟，少量剩余氨水排到渣沟，并同时开启大量冲渣水门稀释。

（9）锅炉运转层禁止有大量油污排到天沟，零米层墙外沟不得排放大量污油水。现场检修工作结束，有较多油污时，尤其是球磨机大牙轮污油坑等的检修，应要求用布擦干净，否则不得随意冲洗到渣沟。

（10）锅炉进行化学清洗时必须有废水处理方案，并经审批后执行。处理的废液必须经处理合格后方能排放。

第六章 安 全 奖 惩

第一节 运行安全奖惩规定

运行安全奖惩是按照国家安全生产法律、法规和企业安全规章制度的有关规定，对运行部门与部门内部各级实施安全生产目标控制管理所下达安全生产各项指标的完成情况、对部门安全第一责任者和运行人员执行安全生产法规、规章制度的情况所采用的一种经济的、行政的监督、约束和激励措施。在当前电力企业中，在员工自觉遵章守纪的良好风气未能完全形成、企业安全文化建设未能达到最佳状态之前，实行严格安全奖惩是十分必要的，有了奖惩规定的员工才会按照一定目标努力去做，成为遏制违章行为、主动参与安全生产管理、努力实现零事故目标的驱动力。

一、运行安全考核指标

运行安全考核指标主要有：不发生影响电网安全与运行责任事故，不发生人身死亡与重伤事故，不发生火灾事故，杜绝误操作事故，尤其是电气恶性误操作事故。部门控制人身轻伤与责任设备障碍；班组控制人身未遂与责任设备异常；个人控制不伤害自己、不伤害他人、不被他人伤害与作业差错。

二、运行安全奖惩的主要形式

1. 签订安全生产目标责任状

部门与厂部签订年度安全生产目标责任状，并将安全包保指标分解下达到运行各专业、班组、个人，逐级签订目标责任书。年终厂部根据安全包保责任状的完成情况进行考核，未完成的风险金充入安全生产奖励基金。按照"安全生产，从头抓起"的精神，对各级安全生产重要领导加大风险考核力度，年初预扣的风险金数加大，年终根据安全包保责任书的完成情况进行考核，对于未完成年度安全生产目标的领导，除没收风险保证金外，另给予处罚；对于完成年度安全生产目标的部门、专业、班组领导，除返还风险保证金外，另给予嘉奖，奖罚金额为风险金数。

2. 百日安全无事故奖

从当年1月1日起，每实现一个安全生产无事故百日，对员工进行一次奖励，奖励按承担责任大小分系数乘以基数，并明确考核规定。如某厂规定：发生一类障碍或人身未遂，直接责任者扣发当次百日奖励的50%，有主、次责任的，按责任比例扣发当次百日奖；发生人为责任或违章造成的一类障碍或人身未遂，直接责任者扣发当次百日奖励，直接责任者所在班组安全第一责任人、专业主管、专业技术人员、部门领导均扣发当次百日奖的20%；发生二类障碍、严重未遂、火险，直接责任者扣发当次百日奖的20%，有主、次责任的，按责任比例扣发当次百日奖；发生人为责任或违章造成的二类障碍、严重未遂、火险，直接责任者扣发当次百日奖的80%，有主、次责任的，按责任比例扣发当次百日奖，直接责任者所在班组安全第一责任人扣奖10%；在当次百日无事故期间内发生异常及以上事故，承担全部责任的专业无法落实责任人员或不能分析出原因的，不发给责任部门、专业、班组安全第一责任人的当次百日奖。对于隐瞒异常及以上不安全情况者，主要策划者和决策者扣发当次百日奖。

3. 安全管理积分制

是指员工的安全系数长期连续积分的管理方法，体现"奖功罚过"。每位员工设置原始分，然后根据发生在安全生产活动中的安全表现每季度统计一次进行加减分，并连续累积直到员工调离厂或退休为止，对于安全生产活动中取得成绩或做出贡献的个人给予加分，对违反安全规程制度、发生责任事故的给予扣分，每年统计安全积分前几名的进行奖励，最后几名的进行考核，安全积分系数还在各种安全挂钩奖励分配中体现。具体安全积分制包括五项内容：①防止责任事故与苗头的件数、大小得分；②及时发现设备重大隐患或挽救事故有功的得分；③安全规程制度考试与技术考试得分；④人为责任事故得分；⑤违章作业、违章指挥与制止违章作业、违章指挥的得分。每项内容都要规定实施细则，以便于操作。

4. 安全生产立功奖

对下列情况进行安全生产立功受奖：

(1) 在改善劳动条件与防止工伤事故及职业危害中做出显著成绩者；

(2) 在巡回检查中，及时发现重大设备隐患并及时汇报或组织处理，被确认为防止事故发生的立功者。发现安全措施有重大错漏或无票工作，及时纠正和制止，被确认为直接防止人身事故发生立功者；

(3) 发现较大隐蔽缺陷，被确认可避免故障的扩大，以及发现"两票"中较大差错或对违规违制提出纠正，被确认为可以避免设备事故或人身伤害者；

(4) 发生事故时，积极抢救并采取措施防止事故扩大，使员工生命和企业财产免受或减少损失者；

(5) 在事故处理中，做到迅速、果断、正确，或工作认真，发现较大设备缺陷，及时汇报或组织处理，被确认为避免了事故扩大或使事故考核降级，以及发现他人违章作业、违章操作，及时劝阻制止，被确认为避免可能发生人身事故者；

(6) 被确认为挽救重大伤亡事故和重大设备事故的直接立功者；

(7) 个人千项或万项操作无差错，工作票百次或千次办票无差错者；

(8) 年度安全生产先进班组、无违章班组或先进个人。

5. 违章下岗考核

"关爱生命，远离违章"，必须强化反违章管理；以"零违章"确保"零事故"，必须"零宽容"。"违章就下岗"，现在已成为电力企业的共识。某厂违章下岗考核规定为：厂部发现各级人员发生可能危及人身安全的严重违章行为，第一次给予下岗3个月，第二次给予下岗4个月，以此累积，每年1月1日起重新统计累积数；下岗人员重新上岗前需经所在单位、人资部、安监室共同组织《电业安全工作规程》考试合格；厂部发现各级同一人员一般性违章行为，1个月内发生2次的，给予下岗1个月，1个月内发生3次，给予下岗2个月，下岗期间只享受生活费。发生作业性违章行为实行连带考核，在场的监护人、班组长、技术员、专业负责人、安全员、部门领导、管理人员负连带考核责任。

6.安全考核处罚规定

（1）发生事故后，主要责任部门及班组安全第一责任者应做出书面检查，并在全厂员工或厂级大会上"说清楚"，责任部门领导书面向厂领导"说清楚"。

（2）领导人员瞎指挥，盲目下令操作或擅自蛮干导致事故，该领导负主要责任，给予行政记大过直至开除留用察看两年及以上处分。

（3）因工作不负责任或违章作业，发生误碰、误动、误拆、误试导致事故的，根据情节轻重罚扣奖，情节严重者给予行政记大过直至开除留用察看两年的处分。

（4）频发性事故得不到有力制止，未及时采取防范措施或措施不力者，一年内发生责任设备事故或轻伤及以上人身事故两次的部门，安全第一责任者应在厂级会议上作检讨，达三次，自动引咎辞职。

（5）未按上级规定装设、投运电气防误装置，引发恶性电气误操作事故的；涉及到二十五项反事故措施重点要求没有落实，造成事故后果的，对有关领导人员罚扣奖，并追究行政责任。

（6）特大事故由政府部门或省公司组织成立调查组，调查分析为已构成犯罪的，由司法部门追究事故责任人刑事责任；重大及一般设备事故、重伤事故由厂长或分管副厂长主持组织生技、安监部门及有关单位人员进行调查分析，安监部门根据调查报告对事故责任部门、个人执行经济与行政处罚。

（7）对一般一、二类障碍，严重人身未遂，严重异常，异常，按承担责任罚扣奖，由月度经济责任制考核兑现。

（8）凡隐瞒事故真相，破坏事故现场的，根据性质和情节，给予行政记过及以上处分，或待岗半年及以上，并罚扣奖。

三、制订并落实安全奖惩规定应注意的问题

奖惩涉及每个员工的切身利益，"牵一发而动全身"，要求在制订与执行奖惩规定中做到合理、公正，起到鞭策与正向激励的作用，奖其当奖者，罚其该罚者。制订并落实安全奖惩规定应注意以下几点。

1. 坚持"以责论处"

按照履行安全生产职责的优劣进行奖励与考核。对运行安全生产作出贡献的班组与员工予以表彰和奖励，如推荐为"安全生产先进班组"、进行年度"无违章班组"奖励，个人进行安全立功受奖、安全积分制加分等；而对那些造成事故，或因失职、渎职以及严重违反规程制度的给予考核，考核依严重程度与违规行为除了执行直接责任者考核外，部门领导、专业主管、班组长负管理连带责任考核。

2. 严格重奖重罚

对在运行安全生产中做出显著成绩的班组与员工予以重奖，如挽救事故有功、操作中避免误操作事故、制止违章作业避免人员伤亡的呈报厂部重奖；而对在工作中因严重失职，违章操作、违章指挥、违反劳动纪律造成事故或未遂事故的，给予重罚，如运行事故处理中值长违章指挥造成扩大事故、高处作业未系安全带等均应实施重罚。

3. 注重思想教育与经济奖惩并重

在运行安全生产中，经济手段不直接干预和控制员工的行为，主要是通过满足员工的经济利益的需求来引导其产生安全行为。人的物资欲望是不断增长的，物资激励总有尽时，而思想是行动的先导。因此，应注重思想教育与经济奖惩并重。在处罚上，应坚持以安全思想教育为主，惩教结合；把思想工作同行政、经济手段结合起来。要讲清基本道理，让员工明白，奖励与处罚只是手段，不是目的，其最终目的为了实现安全生产，保护人身与设备安全。

4. 坚持分级管理

运行安全管理要一级管一级，一级对一级负责，即个人对班组负责，班组对专业负责，专业对部门负责。其相应的安全奖惩也要一级考核一级，部门督查，落实责任，当月兑现。

第二节　运行安全责任的划分

发生各种不安全情况（事故、障碍、轻伤、未遂、异常等）均应执行《电业生产事故调查规程》，严格做到"四不放过"，坚持实事求是，尊重科学的原则，及时、准确、完整地做好事故的调查、分析、处理、统计、报告，查明事故性质和责任，总结事故教训，提出整改措施，并对事故责任者提出处理意见。作为运行管理与值班人员，应熟悉运行承担的安全事故责任，在工作中，注意安全预防，避免发生安全事故而进行责任考核。

一、运行部门领导应承担事故责任

凡事故原因分析中存在下列与事故有关的问题，确定为领导责任：

（1）企业安全生产责任制不落实；

（2）规程制度不健全；

（3）对员工教育培训不力；

（4）现场安全防护装置、个人防护用品、安全工器具不全或不合格；

（5）反事故措施不落实；

（6）同类事故重复发生；

（7）违章指挥。

二、事故责任的划分原则

（1）负全部责任（负 100% 责任）；

（2）负主要责任（负 60%～80%责任）；

（3）负同等责任（负 50%责任）；

（4）负次要责任（负 20%～40%责任）；

（5）负一定责任（负 20%以下责任）。

三、责任者承担安全责任划分

（1）凡是上一级领导对下一级有明确的安全生产指令，则下一级领导应立即执行，如无故拖延执行，则下一级领导负事故或增加损失的领导责任，当上级领导的指令有明显错误危及人身安全或可能导致设备严重损坏时，下级可不执行，但应立即提出或越级反映，由于上一级领导决策不力，指挥不当，则上一级领导要负领导责任。

（2）由于工作票中安全措施错漏，则签发人应负主要责任，工作许可人、值长对漏错的项目未纠正，应负次要责任，工作负责人负一定责任。

（3）由于工作许可人未按工作票要求执行安全措施，则许可人应负主要责任，工作负责人未检查是否符合要求，应负次要责任。工作结束时，由于工作负责人未会同工作许可人进行检查验收，工作负责人应负主要责任，工作许可人应负次要责任。

（4）凡无票工作、未办好许可工作手续就工作，违章者负主要责任，而岗位值班人员发现却未及时制止，要负一定责任。

（5）由值长、班长审核的操作票，由于操作票有漏错而造成误操作，值班审核者负主要责任，监护人负次要责任，操作人负一定责任。

（6）由于监护人、操作人在操作过程中不按操作票操作或违反操作规定则监护人负主要责任，操作人负次要责任。

（7）由于值班负责人同意无票操作或没有派监护人，值班负责人负主要责任，操作人负次要责任。

（8）由于运行人员没有严格贯彻现场规章制度，没有认真执行"两票三制"，没有进行定期加油、切换试验，对设备监视不力，操作调整不当，记录不实等，能采取应急措施和可以自行处理的异常情况而未采取措施，造成事故扩大，则运行人员要负主要责任。

（9）在设备发生异常时，由于岗位人员未及时向值班负责人汇报，造成延误处理或判断错误，则岗位人员应负主要责任；如岗位人员已及时如实汇报，而值班负责人组织处理不力、指挥不当，则值班负责人应负主要责任；如岗位人员能处理而未及时处理，则岗位人员应负主要责任。

（10）值长对事故抢修或处理紧急缺陷，有权向有关部门或人员发出指令，而对方扯皮拖延扩大事故，则受令人负主要责任。由于值长组织处理误时或可采取应急措施而未采取导致扩大事故，值长要负扩大事故的主要责任。

第三节　障碍以上运行安全责任的考核

障碍以上运行安全责任的考核，是运行部门控制的不能发生的安全目标。要求杜绝发生人身死亡事故、设备责任事故、误操作事故，避免发生障碍以上运行安全责任考核事故，对其运行安全责任的考核标准，运行部门人员应熟悉并预防发生安全责任的考核事故。

一、人身事故

（1）一次事故死亡 10 人及以上者为特大人身事故。

（2）一次事故死亡 3～9 人，或一次事故死亡和重伤达 10 人及以上，未构成特大人身事故者，为重大人身事故。

（3）未构成特大、重大人身事故的轻伤、重伤以及死亡 1～2 人者为一般人身事故。

发生下列情况之一者考核电力运行生产人身事故：

（1）员工从事与电力生产有关工作过程中发生的人身伤亡；

（2）员工在发供电生产区域内，由于劳动条件或作业环境不良，企业管理不善，设备或设施不齐全，发生设备爆炸、火灾、生产建筑物倒塌等造成的人身伤亡；

（3）员工在发供电生产区域内，由于他人从事发供电生产工作中的不安全行为造成的人身伤亡；

（4）员工或非本厂人员在事故抢险过程中发生的人身伤亡。

二、责任事故

（1）生产设备、厂区建筑发生火灾，直接经济损失达到100万元及以上为特大事故。

（2）未构成特大设备事故，但生产设备、厂区建筑发生火灾，直接经济损失达到30万元及以上不满100万元的定为重大事故。

（3）3kV及以上电气设备发生下列恶性电气误操作：带负荷误拉（合）隔离开关、带电挂（合）接地线（接地刀闸）、带接地线（接地刀闸）合断路器（隔离开关），定为一般事故。

（4）主要发供电设备因以下原因异常运行或被迫停运的定为一般事故。

1）一般电气误操作：误（漏）拉合断路器（开关）、误（漏）投或退继电保护及安全自动装置（包括连接片）、误设置继电保护及安全自动装置定值。

2）一般电气误操作：下达错误调度命令、错误安排运行方式、错误下达继电保护及安全自动装置定值或错误下达其投、退命令。

3）热机误操作：误停机组、误（漏）开（关）阀门（挡板）、误（漏）启动（停）辅机等。

4）监控过失：人员未认真监视、控制、调整等。

5）炉膛爆炸。

6）锅炉运行中的压力超过工作安全门动作压力的3%；汽轮机运行中超速达到额定转速的1.12倍以上。

7）100MW及以上汽轮机发生水冲击。

8）主要发供电设备异常运行，已达到规程规定的紧急停止运行条件而未停止运行。

9）一次事故中如同时发生人身事故和设备事故，应分别各定为一次事故。

10）电网发生事故，由于运行的过失又造成事故扩大，定为一次事故。

11）由于运行原因，一条线路在 4h 内因同一原因发生多次跳闸停运事故时，定为一次事故。

第四节 障碍以下运行安全责任的考核

部门控制障碍与人身轻伤、班组控制异常与人身未遂、个人控制差错与"三不伤害"是运行部门分级管理而严格控制的安全目标，作为运行人员，应熟悉障碍以下运行安全责任的考核标准并避免发生此类不安全现象。

一、障碍

（1）一类障碍。未构成事故，符合下列条件之一者定为一类障碍：

1）主要发供电设备被迫停止运行、非计划检修或停止备用；

2）35～110kV 断路器、电压互感器、电流互感器、避雷器爆炸，未造成少送电；

3）110kV 及以上线路故障，断路器跳闸后经自动重合闸重合不成功。

（2）二类障碍。未构成一类障碍，符合下列条件之一者定为二类障碍：

1）发电设备异常运行，引起全厂有功功率降低，比负荷曲线数值低 5％ 以上，并且持续时间超过 1h；或一台机组实际功率下降 50％，并且连续时间超过 15min。

2）运行原因造成电网频率偏差超出（50±0.2）Hz，且延续时间在 15min 以上；或偏差超出（50±0.5）Hz，且延续时间 5min 以上。

3）设备异常原因、人员过失等造成电网频率瞬时达到低频越限 $f \leqslant 49.0$Hz，高频越限 $f \geqslant 50.8$Hz。

4）电压监视控制点电压偏差超出电网调度规定的电压允许

范围±5%，且延续时间超过 30min；或偏差超出±10%，且延续时间超过 15min。

5）风机（排粉机、送风机、引风机）、水泵（给水泵、循环水泵、凝结水泵、射水泵）、磨煤机、汽轮机调速油泵与润滑油泵等及其配套的电动机损坏，被迫停止运行。

6）生产现场重点防火部位发生火警；生产设备、厂区建筑发生火灾，经济损失达 0.2 万元；自动气、水灭火装置误动作或拒绝动作。

7）生产设备、施工机械、运输工具及调试设备等损坏，经济损失达到 2 万元，化学用品泄漏经济损失达到 1 万元。

8）由于人员过失造成客户供热损失、电器设备等的损坏，经济损失达到 0.3 万元。

9）6kV 及以上电气设备与系统非同期并列，或未经同期检定合闸并列。

10）发电机启动升压过程中，空载电压超过额定电压 1.3 倍及以上。

11）电气"五防"装置未经批准退出运行。

12）锅炉灭火爆燃，但未造成炉膛及其密封损坏。

13）锅炉制粉系统爆炸未造成停机。

14）锅炉尾部再燃烧，排烟温度超过规定。

15）汽轮机操作油压降低到故障压力以下。

16）锅炉水位、汽压、汽温、给水压力、汽轮机真空、除氧器水箱水位、发电机氢气、锅炉安全阀动作压力超过允许值，但由于启、停炉过程水位变化较大，视情节酌情考核。因锅炉监盘人员操作不当或监盘不认真而引起汽压过高、安全门拒动，运行人员也相应考核障碍一次。

17）汽轮机油系统漏油造成油箱油位低于允许值。

18）燃油等进入汽水系统。

二、未遂

严重未遂除与二类障碍同等考核外，另按违章作业加重考核。

（1）人身严重未遂。由于误操作、误碰、误动或不严格执行规章制度性质严重，有可能造成人身伤亡事故，如：

1）误拉、合断路器（或空载隔离开关）或自动装置及熔断器者，虽未造成后果，但已威胁安全；

2）在低压电气设备工作中发生触电或麻电，情节严重者；

3）在已经停役且已挂有"在此工作"警告牌的高压电气设备上，发现带有电压，或由于电源未完成隔绝，进行装接地线时验得带有电压；

4）工具或人身误碰、临近带电设备，发生弧光或触电未造成轻伤；

5）未经办好试运行手续或复役手续就已进行送电操作被制止；

6）由于接线错误（如相线、地线接错），或缺乏绝缘检查，在使用电动工具时发生麻电，情节严重者；

7）使用不合格电气工具、用具造成人身伤亡未遂；

8）热力系统隔绝，发生误关阀门、误挂标示牌、漏加锁等情况，情节严重者；

9）锅炉进水未经联系有关人员，情节严重者；

10）违反安规，打焦、清灰、被炉火、热灰渣灼烫，局部受伤未构成轻伤。

（2）一般未遂。由于误操作、误碰、误动或执行规程制度不严，思想麻痹，在运行工作中，发生威胁人身安全，有可能造成轻伤者，如：

1）在低压电气设备或电气回路上（包括照明）等工作，发生人员麻电或触电，情节轻，能自由摆脱者；

2）运行操作中，在 1.5m 以上高空管道站立或行走无安全措施者；

3）未经搭架人员同意或使用部门同意，擅拆装脚手架、脚踏板，有碍人身安全者；

4）临时工作马虎凑合，使用不合格梯子或脚踏板可能发生轻伤；

5）0.1kg 以下物体从 2m 以上坠落，有可能发生轻伤；

6）搬运 100kg 以下物体，发生翻倒造成轻伤未遂；

7）对剧毒、易燃易爆物品，强腐蚀物品，由于保管不当严重违反规程，造成火险或人员中毒、灼伤未遂；

8）除焦工作未穿合适工作服和工作鞋。

三、异常

对虽未构成二类障碍，但已影响正常生产、造成经济损失者；或未构成人身事故，但当时情况已严重威胁人身安全的人身未遂；以及由于运行操作不当，严重威胁设备安全的未遂；以及由于考虑不周，安措欠缺，联系失误、记录不实，操作漏项等有影响安全的违章之差错等均应算作异常。

1. 严重异常

严重异常比二类障碍低一等，但比异常严重。严重异常主要包括以下情况。

（1）虽应属二类障碍，但能积极在夜间低谷（指 23：00～次日 6：00）时将设备缺陷处理好，统计仍按二类障碍，考核按严重异常。

（2）未办理有关审核手续，擅自进行单元（系统）及其他操作，造成异常运行或可能引起设备损坏及人身事故者。

（3）设备运行中或停役后，误开、误停主要辅助设备，误开、误关主要阀门、闸板，误投、退主要仪表、保护、连锁装置，虽当时未造成后果，但已威胁安全者。

（4）操作中找错设备、间隔，已准备进行操作，被他人发现制止。

（5）操作或处理缺陷，使主要辅助设备联动，或其断路器跳、合闸。

（6）设备发生异常，未按规定汇报，联系处理，使异常扩大。

（7）运行报表未经分析填结果，弄虚作假，乱动自动记录表计，情节严重者。

（8）操作或处理工作中，使厂用电系统自动合闸、跳闸或重合闸误动作。

（9）遗漏而将运行中的电气设备继电保护连接片或交直流熔丝插上，被他人发现（主保护算二类障碍）。

（10）未经上级许可造成主要二次回路和一次回路的运行方式不匹配，有可能造成严重后果。

（11）操作同期开关插错或忘记取下，引起电压互感器二次熔丝熔断，或引起其他断路器合闸，未造成后果。

（12）低压设备操作或处理中，造成短路、接地、引起断路器跳闸、熔丝熔断或设备损坏，影响正常使用（照明回路指380V 总电源消失）。

（13）主变压器冷却系统主回路遗漏操作项目，主回路未隔绝好，会影响油温升高或断路器动作。

（14）操作或处理不当，造成 TV 熔丝熔断，影响保护及自动励磁调节装置。

（15）联动备用的给水泵、射水泵、污水泵、水冷泵等主要辅机进出口门漏开启或联动切换开关未投入及汽轮机主要保护装置未投入，被发现者。

（16）汽轮机冲转不当或监视不严，造成短时间内转速突升1000r/min 以上，或同步器的方向摇错造成转速高达危急保安器动作值而动作。

（17）未启动油泵而进行汽轮机盘车或给水泵启动试转。

（18）操作不当或监视不严造成高压除氧器、高压加热器满水，或使高低压除氧器水位低于允许值，或压力高安全门动作，水冷箱水位高出或低于额定值者。

（19）操作错误，使主油箱油位升高或降低造成报警动作，或给水泵油箱油位下降至允许值，或汽轮机任何一个轴承温度达到 65℃。

（20）检查过失，使给水泵风室或 5kW 以上的电动机受淹者，或电动头电动机烧坏，未影响出力者。

（21）因检查或调节的过失造成水冷发电机的冷却水导电率和硬度超限额运行 4～8h。

（22）调控不当使制粉系统防爆门动作。

（23）错用水处理药品，使汽水品质超过部颁标准，但未造成严重后果。

（24）净化系统运行，未及时调节流量、矾、碱加入量，致使出水水质恶化（如出浑水、翻池等）达 2h 以上而未能恢复正常者。

（25）炉内加药量（磷酸盐）控制不当，使炉水磷酸根含量达不到部颁要求。

（26）给水加氨量控制不当（如氨液浓度不当、加氨不及时或忘停加氨泵），使给水 pH 值达不到部颁要求。

（27）汽水品质不合格，长时间未得到改善，按每月、每次各统计异常一次。

（28）阴阳离子交换器，再生操作不当，造成跑树脂 50kg 以上。

（29）由于监视不当，使除盐水箱发出低水位报警信号。

（30）因分析用溶液浓度与标签不符，造成化验结果异常达 6h。

（31）标准溶液浓度不准，仪器曲线标错，造成化验结果异常。

（32）运行班汽、燃煤监督项目有一个班次未测定者（如不按规定取样化验，无分析溶液，测试仪器损坏，放松就地监督，锅炉未按规定排污等）。

（33）分析试样（水、煤、油、灰、垢样品）误弃、遗失，不应有的人为或外因使样品失去代表性，造成无样可取或重取。

（34）阴、阳交换器再生不成功，须重新再生者。

（35）氢气带水，已被汽轮机运行发现或发电机氢冷系统氢气纯度在 96.5%～98%。

（36）机组启动后，汽水品质未达到正常值；机组停役后未按规定做好设备保养。

（37）水、煤、油化验报告送出，被他班发现错误，但未造成后果，或经审核的"化学监督日报"送出后被其他单位发现错误。

（38）油质色谱测定判断结论错误，但未造成后果。

（39）化学部分运行设备缺陷未能及时发现，影响正常取样化验，正常加药处理，正常供应消防、生活用水，未造成后果者。

（40）主要充油设备（如汽轮机、给水泵、球磨机、变压器、油断路器）错用不同牌号油种，未造成不良后果，未按周期定检造成一定后果。

（41）交换器再生时，再生液跑到备用交换器或运行系统中，造成交换器失去备用能力使运行中除盐水质恶化。

（42）水冷发电机水质不合格达 4h 以上。

2. 异常

（1）引起全厂有功功率比电力系统规定的曲线降低 5% 以上，连续时间<15min，造成发电量减少。

（2）引起或可能引起全厂有功功率降低，但未按二类障碍考核的发电量减少，或被统计为不合格点。

（3）设备或系统停役，安全措施不足，发生异常或主要辅属设备未能按计划投退。

（4）因误操作、控制不当、漏检查致 20kW 以下电动机及其配套机械损坏，或仪器仪表设备损坏价值在 50 元以上，500 元以下（含劳务、材料费用）。

（5）热力、电气等设备系统模拟图标志错误，而被检查发现。

（6）主要设备、重要参数限额瞬间超过规定允许值。

（7）生产场所发生火险，直接损失在 200 元及以下者。

（8）运行日记重要事项漏记录，运行表抄错或漏抄 4h 以上，或设备异常运行，有重要缺陷，未填写记录、未交班而被其他班发现。

（9）操作中损坏 6～35kV 的瓷套管需进行调换。

（10）操作或处理直流系统接地，忘送上直流电源，使直流电源消失，延续时间达 0.5h。

（11）在操作中发现操作票写错，有可能导致设备发生障碍或变压器分接头调错。

（12）误开、关主蒸汽、给水、抽汽（指调整抽汽）、循环水母管阀门，润滑油、氢冷却、水冷却系统的主要阀门，但未造成汽压、汽温、真空、水位等瞬间异常。

（13）调整或监视不当，使凝汽器真空下跌 6.65～13.3kPa，或油温异常升高达 45℃ 及以上，油压、氢压、水压异常，但未造成后果。

（14）人员过失造成给水泵失压汽化、润滑油乳化，未造成严重后果。

（15）巡回检查不认真，缺陷未及时发现，维护不当，造成给水泵、循环水泵轴承温度上升超过限额数值（70℃）以上。

（16）操作不当，监视不认真等运行因素，造成给水含氧量超限额时间达 4～8h。

（17）未按规定做好定期工作（如吊、旋洗循环水一、二次滤网）及主要辅助备用设备的定期切换等。

（18）运行操作不当使主要辅机设备退出备用时间超过 2h。

（19）锅炉运行调控不当，汽包水位、过热汽温、过热汽压等主要参数超过标准值。

（20）球磨机堵煤，抽粉时间超过 30min，或用其他方法排除；球磨机出口风温大于厂部"反措"规定（冬季 120℃、夏季 110℃），被他人发现（但未造成严重后果）。

（21）煤粉管堵塞，或制粉系统堵塞，漏煤粉流入地沟污染环境。

（22）检查不周，主要辅机缺油，轴承温升超过额定值或次要辅机烧轴承。

（23）对燃油系统吹扫不当，致使油管路堵塞，或误操作使备用油泵自投。

（24）误开关风、烟系统阀门或挡板造成一定后果。

（25）锅炉总连锁及备用给粉电源运行中漏投入。

（26）主要表计失灵时间达 $2 \sim 8h$，未按规定汇报及联系处理。

（27）操作不当使除尘器管道堵塞影响正常除尘。

（28）人为造成的除渣、除灰系统堵塞，未影响负荷，但需组织力量排除。

（29）输粉设备三通、挡板、插板操作错误，致使堵粉、跑漏、制粉单元被迫退役，但未影响负荷。

（30）未按规定进行各项定期工作，如排污、吹灰、除焦、润滑点加油。

（31）操作不当，引起给水压力下降，备用泵自投。

（32）未按规定监督机、炉运行人员的定、连排工作。

（33）未按规定进行各项定期及取样工作；或取样测试方式不符合《电业安全工作规程》规定，未造成后果。

（34）生活水中断供应 2h，或水质不合格 0.5h 及以上者。

（35）制氢设备氢气系统中，气体含氢量在 $99\% \sim 99.5\%$。

（36）其他类似的不安全情况或相当于列举的运行异常，由安监部门参照予以统计考核。

第七章　安全管理方法与实践

第一节　安全生产"十字经"

安全是"生命之源、生存之本"，安全责任大于天。要落实"安全第一，预防为主"的方针，实现安全生产必须念好"十字经"。

一是"深"，即认识深化。充分认识安全生产工作责任重大，没有安全，再大的效益也等于空谈。必须牢固树立"安全第一"和"安全就是生命，安全就是生产力，安全就是效益，安全才能稳定，安全才能发展，安全责任重于泰山"的思想，不断灌输"心存侥幸是万祸之源"、"安全工作无小事，出了事情人命关天"、"隐患是祸，平安是福"的安全理念，坚持居安思危，超前防范，筑牢安全思想第一道防线。在布置工作时，自觉把安全工作摆到先于一切、高于一切、重于一切的位置上；落实安全工作时，横向到边，纵向到底。

二是"育"，即培育、培养。通过技能鉴定，取证上岗，提高综合技术素质；通过岗前上仿真机反复训练，提高运行人员设备操作、事故处理能力；通过技术问答、考问讲评，提高技术与应变能力；通过事故预想与反事故演习，提高预防事故、正确判断事故、快速处理事故的能力；通过对引进技术、设备技术改造适时举办一事一培训，满足安全生产所需；通过技术竞赛激励培训，发现优秀人才并激发员工学习热情；通过安全活动学习《事故通报》，"别人亡羊我补牢"，同时还要努力学习掌握安全规程、规章制度等。

三是"情"，即以情感人，做好思想工作。各级领导应如同了解运行设备工况般"在线"了解和把握员工思想状态，坚持以理解人、关心人、帮助人、爱护人的行为去感染每一位员工，对每位员工的思想变化，应探究原因，分清情况实施以知心、诚心、热心、聚心、暖心为标志的"连心"工程，消除不利于安全生产的思想情绪，决不让员工背着包袱干工作，决不让员工带着思想情绪进现场。

四是"规"，即按章办事，规范管理。按"简单、实在、管用"原则建立规章制度与编写规程，按"经典、精简、精确"方向完善标准。严肃纪律，落实规章制度执行，严格管理。要求员工持证上岗，实施作业标准化、安全设施规范化、施工程序化，做到凡事有章可循、凡事有人负责、凡事有人监督、凡事有据可查，实现依法治企。

五是"勤"。勤巡查：随时巡查工作现场出现的异常变化，掌握新情况，解决新问题。勤想：在自己负责的区域内或整个安全生产工作中，做到心中安全有本账，脑子里有张"活地图"。勤嘱咐、勤交待：经常告诫员工"安全第一"，严格执行规程、制度，使员工充分认识生产必须安全，安全注意防范。勤走动、勤察看：让安全隐患在走动中发现，在现场中及时解决处理。勤分析：把握隐患发展态势、掌握事故变化规律，有针对性地采取有效措施应对。

六是"严"，即严格要求，有章必循，严格管理。从上岗前的安全培训、持证上岗，到工作前的着装、安全工器具的正确使用、劳动纪律的遵守、规章制度的执行，以及现场安全技术及组织措施的落实、安全设施的标准化和规范化，凡是不合格的，除了及时纠正或整改外，必将考核。安监人员重心下层，下在现场，秉公执法，严格监督，及时发现不安全隐患，制止违规违纪行为，落实"五零"（即设备零缺陷、管理零漏洞、人员零违章、考核零宽容、事故零意外）考核管理。对玩忽职守造成事故与损失的，按照考核条例坚决追究责任，直至下岗，决不留情。

七是"精"，即精益求精。值班人员应精心操作、准确调整、认真巡视、在线监控、动态分析，及时发现异常，将事故隐患消灭在萌芽状态；对于施工作业应建立严密的组织，精心编制施工技术方案与危险点预控措施，抓好施工前的安全教育，落实各种安全防范措施，树精品工程；对于季节性安全大检查与专项性安全活动应精心组织，周密安排，逐项落实计划、措施的制定及检查、整改、考评等工作，净化事故滋生土壤，力促安全可控、在控。

八是"细"，即见微知著，管理细化。调查掌握真实的现场情况，制订周密细致、切实可行的措施计划。具体为：①施工工艺细，即设备拆装、复装、修理细，各部位检查细，技术数据测量、记录细，不忽视每时每刻一处疑点，不放过每一次纰漏，及时发现问题并处理，确保施工质量，消除不安全隐患。②操作作业细，即操作前有预测，操作中有预防，操作后有检查，全过程执行"操作质量保证模式"。

九是"实"，即抓落实、讲实效。年度安全工作目标与措施应切实可行，月度分解并查评，使安全目标落实到位；认真做好春、秋季安全大检查和安全月活动，按照"查前查"、各级领导和管理人员应"五到现场"、坚持"四不放过"、以及安监人员强化现场安全动态管理，及时发现隐患并落实整改，使检查监督落实到位；严格执行规程，一切运行维护、计划检修、基建、技改施工的安全技术组织措施应不折不扣地执行，使安全技术组织措施落实到位；各岗位安全职责明确，责任到人，违规必究，使安全责任落实到位。

十是"保"，即物质保证与安全联保。安全设施、安全工器具、设备自保系统、设备本质安全化方面，应加大安全技改投入，加快安全科技进步与安全管理现代化步伐，落实物资保证。同时安全目标自上而下层层分解，又自下而上层层保证。推行无违章企业、无违章班组安全联保活动，实行个人保班组、班组保个人，一人违章全班受罚，班组零违章，全班受奖等制度。

第二节 安全生产"十忌"

安全事关员工祸福，安全影响企业效益，安全波及社会稳定，安全责任重于泰山。全面开创安全生产工作新局面，努力实现"零事故目标"，安全生产必须"十忌"。

一、忌"生"

"生"是指对设备、系统、部件位置生疏，对要害部位与作业危险点不清楚，对所辖设备的原理、结构不了解，对自己分管的设备维修或操作技能似懂非懂，一知半解。

"熟练加谨慎保安全，生疏加大意必危险"。因此，必须狠抓熟悉系统与岗位作业危险点培训，组织《电业安全工作规程》、《两票补充规定》、《运行规程》、《检修工艺规程》等的学习辅导，开展上仿真机、现场操作指导活动，进行专题讲座、岗位练兵、技术竞赛、现场抽考讲解，缺什么，补什么，熟练掌握安全技能。凡新人员到厂，现场培训应从熟悉设备系统、原理、岗位操作技能抓起。

二、忌"糊"

"糊"是指遇事不动脑，稀里糊涂，判断失误；或者下达作业任务含含糊糊，不明确，作业者未经确认即行执行而出现失误。

"安全生产勿侥幸，糊涂蛮干要人命"。因此，必须时时加强安全良性暗示，时时绷紧安全生产这根弦，凡事均应认真。应严格执行规章制度，按标准化程序作业，运行操作与设备检修过程应执行质量保证模式。在现场作业中，安全措施的布置与现场检查应到位、设备巡视与危险点的预控分析应到位、设备异常参数监控与隐患整改应到位，杜绝糊涂蛮干。

三、忌"怕"

"怕"是指怕丢面子、怕麻烦，不懂也不去请教，心里没有底，又要逞强，而真正危机一出现，就乱了阵脚，处理不当而酿成事故。

"心存侥幸,万祸之源"。因此,必须让安全意识入脑、入心,克服侥幸心理,提高安全责任意识。通过开展事故预想与反事故演习、上仿真机培训,提高事故处理能力。培养员工对安全工作从小事做好、关注细节、把握全面的良好习惯。凡是有利于安全的事不怕麻烦;凡是有利于安全的事不怕被人讲;凡是有利于安全的事不怕被检查;凡是有利于安全的事必须做好。

四、忌"散"

"散"是指思想分散,精神不集中,心被其他杂事牵去了,工作中心不在焉而导致违章事故。

"散漫玩忽职守,小心事故临头"。因此,必须加强安全思想、职业道德教育,强化心理素质的培养。通过安全分析会、安全日活动进行事故通报学习讨论,汇总本单位近年来障碍以上安全责任考核事故并进行事故追忆,开展"防止人身伤害"、"二十五项'反措'重点要求"专题竞赛,举办"珍爱生命、关心安全"、"安全在我心中,事故在我手中"主题演讲赛等,提高安全意识;通过进行岗位责任制、主人翁思想、职业信誉、道德规范、员工守则、公约等方面的教育培训,提高职业责任意识;根据不同的对象、不同的性格,采取不同的方式进行安全心理定势培训,让员工自觉地控制心理活动,遵章守纪,杜绝散漫,杜绝违章行为,保障安全生产。

五、忌"骄"

"骄"是指自以为业务熟,技术高,要小聪明,工作中漫不经心,把执行操作票、工作票看成多余,把规章制度视为累赘,思想上不认真,组织上混乱,行动上违章。

"谦虚谨慎是安全的铺路石,骄傲自满是事故的导火线"。因此,必须谨小慎微,熟练掌握操作技能,严格遵守安全规程,严禁盲目从事;要引导员工克服骄傲自满情绪,把功夫下在求知上,虚心学习,钻研业务;要教育员工立足本职,尽心尽责,安分守己,严格纪律,禁止随意妄为;要超前预防,整治隐患,落实责任，防范于未然。

六、忌"松"

"松"是指放松要求，降低标准，纪律松懈，心存侥幸，脱离工作岗位或作业监护不到位，擅自解除防误闭锁装置或移开安全遮栏。

"严是爱，松是害"。因此，必须循章必严，按章办事；违章必纠，责任追究；严于律己，以身作则；严格考核，责任到人；闭环控制，偏差管理。运行值班人员应严格执行"两票三制"，认真监盘，精心操作，精心调整，严禁盘前围坐闲聊、严禁做与运行值班无关的事、严禁上班打瞌睡与脱岗。检修值班人员，应按指定地点值班，并保持通信工具畅通，随叫随到，设备消缺、抢修半小时内必须赶到现场处理。坚持安全教育从严，把好持证上岗关；检查落实从严，把好隐患整改关；事故查处从严，把好"四不放过"关。以铁的纪律、铁的面孔、铁的手段反违章违纪。

七、忌"蛮"

"蛮"是指图省事、怕麻烦、顾此失彼，不讲科学蛮干，不按作业程序办事，把规章制度抛在脑后，忽略操作的准或检修工艺的精与细，误操作乘虚而入，检修质量下降，设备故障频发。

"规范是安全之源，蛮干是事故之友"。因此，必须合理安排工作，按程序规范作业，杜绝蛮干。通过制订程序化文件，规范现场作业标准，加强劳动纪律，强化安全管理；通过交接班卡、开工卡、收工卡、危险点预控卡、三不伤害卡、施工安全作业票等行之有效的管理办法，规范员工行为，保证人身安全；通过严格执行规章制度、技术标准、现场反事故措施，落实岗位责任制，规范生产现场管理，确保安全生产。

八、忌"粗"

"粗"是指工作漂浮粗糙，粗枝大叶，遇事没有安全这根弦，工作马虎，粗心大意而埋下隐患。

"细心保安全，粗心铸大错"。因此，必须认真仔细，一丝不苟，从细处入手，从点滴抓起，精细管理。运行操作时应做到：

操作前有预测、操作中有预防、操作后有检查，全过程执行质量保证模式。巡回检查时应做到：带上必要的钥匙、用具（如电筒、听针）及仪表（振动仪、测温仪等），通过眼看、耳听、手摸、鼻闻仔细了解设备的运行情况，及时发现隐患并进行处理。设备检修施工时应做到：解体速度快、测试数据准、分析见底深，调整工艺作风严、质量监督把关严，装复工序细、项目标准细，机组启动准备方案稳妥，各项工序操作、试验有条不紊。

九、忌"虚"

"虚"是指安全口号不断、花样频出、搞形式、摆造型、做表面文章，会上提出要求多，深入现场解决实际问题少，工作没有抓落实，习惯性违章屡禁不止。

"实是安全之本，虚是事故之源"。因此，必须重效果、轻形式、抓落实、讲实效。层层有安全目标、人人有安全职责、事事有安全标准、处处有安全标志、时时有安全检查、月月有闭环考核。充分认识到"开会＋不落实＝0"、"布置＋不检查＝0"，强化工作检查、落实、整改，形成闭环。坚持从一点一滴抓起，落实规章制度、落实反违章措施、落实反事故预案、落实偏差考核管理。

十、忌"乱"

"乱"是指生产现场混乱，指挥协调混乱，工作没有秩序，作业没有条理，其结果必然是险象不断。

"规范有序是安全的保障，杂乱无章是事故的温床"。因此，必须整顿、治理杂乱无章现象，规范生产现场管理。在现场仪表上应标注设备参数的上、下限；重要作业程序图应上墙；员工应持证上岗，作业应标准化、程序化；作业现场设施应齐全、设备应无泄漏、色标清晰、定置管理、环境整洁。做到：生产现场有轴必有套、有轮必有罩、有坑必有盖、有台必有栏，地面防滑，照明、通风良好，危险区域警示标志醒目，生产区域有物必有区、有区必挂牌、挂牌必分类，按图定置，图物相符，物品堆放井然有序，作业场所清洁文明。

第三节　安全生产"十性"

"生命为上，安全为天"。安全是一切工作的重中之重，是做好各项工作的基础。要不断完善和改进安全生产工作，实现安全长效机制，必须努力提高安全生产"十性"。

一、预见性

要把握安全生产变化规律，有效规避安全风险，减少随意性、偶然性事件的发生，必须提高安全预见性。一是加强对各类事故、障碍、异常的统计分析，及时地从自身及外部发生的各种事故和不安全事件中，认识和把握安全规律，超前预防，积极采取有效措施防止事故的发生；二是加强技术管理和技术监督工作，总结、归纳安全隐患与设备缺陷的引发原因与变化趋势，及时发现苗头并将隐患消除在萌芽状态；三是强化设备运行管理与检修维护，运行参数监视到位，检修质量责任到岗，确保设备安全可靠运行；四是积极运用先进的科学理论指导安全工作，不断改进和完善工作程序、作业流程，使现场作业标准化、员工行为规范化，杜绝危险性因素诱发事故。

二、防范性

"见兔而顾犬，未为晚也；亡羊而补牢，未为迟也"，因此，必须提高安全防范性。一是强化预防为主的意识。事先防范，把事故消灭在未发生之前，全面做好预防工作，防患于未然，力争杜绝各类事故的发生；二是加强分析预测。从"人、设备、环境"入手，从以往事故通报、现场安全薄弱环节、设备使用寿命、作业危险点入手，统计分析预测，认识和掌握预防事故规律，采取相应的防范措施，避免事故发生。三是提高安全素质。利用各种形式进行宣传、培训，使员工努力学习现代安全管理知识，掌握安全规章制度、安全法规、技术规程、现场安全技能，提高人员素质，用先进的科学知识做好事故防范工作，使科学技术成为安全生产防范事故的屏障。

三、针对性

抓安全如果既没有重点，又没有要点，眉毛胡子一把抓，往往达不到预防事故的预期效果，必须提高安全针对性。一是安全教育针对性。在教育前进行摸底，摸清安全生产存在的隐患和薄弱环节，摸清急需解决的现实思想问题，以此确定教育重点，选用合适的安全教材，采取行之有效的方法进行安全教育，从而达到预期教育效果。二是岗位适用性。按岗论责，适应岗位要求。即使在允许无票操作的事故处理中，对操作人、监护人也应慎重选择，确实安排熟悉现场设备、运行技术好，操作任务与岗位相当的人员担任，并交待安全注意事项，避免岗位不熟悉出现差错而造成扩大事故。三是措施针对性。要对隐患、危险点、危险源等重大安全事项制定对症下药的措施，抓住关键，注重落实。如实行设备重大问题包保跟踪制度，成立攻关小组限期研究，或组织专家进行专题分析，实施处理方案。

四、操作性

如果下达安全任务不明确，措施计划不具体，分析不准确，可操作性差，那么自然落实百分率低，实现安全生产可控、在控也差，因此必须提高措施可操作性。一是布置安全任务有书面要求，工作程序固定，命令明确、清晰、量化，不要让执行者盲目、繁琐、无所适从，避免工作失误几率的增加；二是制定安全措施计划具体，分析问题准确，措施有针对性，便于逐条落实，操作性强，即能取得较好的安全预期效果。

五、可控性

要确保安全生产可控、在控，长治久安，必须提高安全可控性。一是强化安全生产责任制的落实，严格各项规章制度执行的刚性，有章必循，违章必纠，偏差考核，奖罚分明，严防不安全现象发生；二是强化安全监督管理工作，构建横向到边，纵向到底，全员、全过程、全方位的安全管理模式，严防各类事故的发生；三是扎实开展安全分析会、安全日活动，以及班前班后会、安全检查活动等安全生产例行工作，切实把安全措施和安全工作落到实处，提高安全管理整体水平。

六、可靠性

设备健康是基础，确保可靠运行是关键，因此必须提高安全可靠性。一是积极开展设备整治工作，强化对影响安全稳定运行的主设备的整治，对安全性评价、二十五项"反措"检查、各项安全检查中发现的问题和上级安全、技术监督通报的设备安全隐患集中进行分析、研究，制定整改计划，逐条落实整改，确保设备安全可靠运行；二是加强设备巡检，落实设备维护管理责任，加大考核力度，定期对同一类设备的重复性缺陷进行分析研究、制定可行的处理方案，减少设备缺陷发生率、复现率，使设备保持连续正常、可靠的运行状态；三是强化设备检修管理，加大技术改造和技术引进力度，积极开展创建"优质项目"、"精品工程"活动，严格检修质量监督，确保检修后的设备能安全、稳定地投入运行。

七、自觉性

"人的知识不如人的智力、人的智力不如人的素质、人的素质不如人的自觉性"，因此必须提高安全自觉性。一是加强《安全生产法》的宣传推广力度，把"讲安全、反违章"纳入岗位职责并融入到职业道德规范中，引导教育员工牢固树立遵章守纪的法律意识，唤起员工对安全生产的责任心和自觉性。二是加强安全警示教育，树立安全生产样榜，抓好安全良性暗示培训，让员工养成良好的安全习惯；三是完善安全文化理念体系，强化安全观念，宣贯"人、设备、环境"和谐统一的安全理念，推动安全管理与文化融合；四是加强安全教育和培训，通过各种安全知识的培训、考试和考核，使员工真正掌握必要的安全知识和操作技能，提高员工的安全素质。

八、创新性

创新是安全生产活力的源泉，必须提高安全创新性。一是机制创新。建立健全有效运转的安全生产监督体系和保证体系，研究开展《职业安全卫生管理体系标准》的认证贯标活动，通过体系认证促进企业管理工作与国际贯例接轨，带动安全管理体制上的创新，让安全管理控制程序化，安全工作制度化、标准化，安全设施规范化。二是管理方法创新。建立健全安全生产预警系统，编制切实可行的各种类型事故处理预案，实行作业前危险点预控、安全监察走动式管理、安全性评价常态化、员工安全累计积分制奖惩、企业安全星级考评等，不断探索新的现代安全管理模式。三是技术创新。采用新产品、新技术、新材料改进装备系统、改造老旧设备、更换淘汰产品，提高装备安全水平。要依靠技术监督平台，促进技术信息的交流应用，采取新思路、新方法，落实安全技术屏障，不断提升安全生产创新成果。

九、实效性

管理的目标在于效果，必须提高安全实效性。一是安全目标层层分解，实行对标管理，抓落实、从成效上见诸行动。始终盯住事故隐患与危险因素不放，积极采取有效措施治理事故隐患，控制危险因素，铲除萌发事故的土壤和温床。二是在积极预防上见诸行动。建立安全长效机制，从本单位的实际出发，紧紧围绕安全目标创造性地开展工作，真抓实干，切实解决安全生产中存在的具体问题，将事故后整改转向事故前预防。三是着力从个人自我防护能力的提高方面下功夫，在贯彻安全法律法规与规章制度上见诸行动。不追求考试虚假成绩，重在培训实效，通过思想教育与培训活动，引导员工在执行安全法律法规与规章制度上一丝不苟，提高自我防护能力。

十、规范性

作业现场杂乱无章，违规作业，不按章办事是事故之源，因此必须提高安全规范性。一是结合实际，依据明文规定的安全行为准则，运用科学和现代化的手段，真抓实干，严格管理。如各种事故响应预案的制定和实施，工作票、操作票、危险点预控卡实现计算机闭环管理等。二是求真务实，按照安全生产规章制度，对人、环境、作业状况、机械与电气设备等实施有序可靠的控制，以事先设定标准程序，落实执行安全技术、组织措施，确保人身和设备安全，保证安全生产。

第四节 安全"五零"目标管理

"安全是第一责任，安全是第一效益，安全是第一工作"。要打造本质安全型企业，实现可控、在控，长治久安，必须开展以"设备零缺陷、管理零漏洞、人员零违章、考核零宽容、事故零意外"的安全"五零"目标管理。

一、设备零缺陷

"工欲善其事，必先利其器"。设备健康是基础、是关键。一是加强设备巡检，提高值班巡检与设备点检质量，针对季节性气候变化、作业环境改变等因素可能造成的影响，对重要设备、关键部位、薄弱环节以及危险源作重点检查，及时发现隐患并消除。二是强化检修质量监督。凡参加检修的设备，应严格进行三级质量验收，尤其在自检上把好关。对于检修项目中的隐蔽工程，应经检修者与运行质管员（厂级项目还应经生产部专工）共同验收，并在验收单上签字后方可进入下一道工序。加强对影响质量关键因素进行重点质量跟踪监督，使之做到为上道工序把关，为下道工序预测，以动态管理代替静态管理。坚持对检修前明确的关键工序、隐蔽部件、频发性缺陷的薄弱环节设置质量控制点，强化管理，按人、机、料、法、环五大因素实施全面控制，提高检修质量，确保修后设备零缺陷。三是创造条件推行设备状态检修。制订与完善设备状态检测、设备巡检、规范化检修管理标准与制度，配备故障诊断监测仪器，建立设备检修、维护、巡检管理系统数据库，利用在线、离线监测手段，加强设备运行参数的采集和分析，确定设备异常的性质、类别、程度、原因和部位，判定设备状况，以此合理安排设备检修，排除隐患。四是实行设备全过程管理。所有设备入货、检修、维护质量到人，质量到岗，淘汰落后的工艺与陈旧老化的设备，超期服役设备一时难以更换的，加强监控并安排资金技改，决不允许不合格产品进现场、检修质量验收通不过的设备投入运行、存在隐患的设备带病运转，力争做到运行设备零缺陷。

二、管理零漏洞

"千里之堤，溃于蚁穴；百尺之室，焚于隙烟"。安全在于细节，必须到位管理、不留死角、没有漏洞。一是全过程管理。安全工作应善始善终，过程控制、责任到人、目标到位、闭环管理、偏差考核，彻头彻尾抓到底。二是全方位管理。安全工作既详细安排，又检查考核，站在全局的高度，突出重点，掌握全面，彻里彻外抓到位。三是全面管理。安全工作对任何人、任何项目都应重视，凡有作业，应严格按规程办事，坚持横向到边，纵向到底，不留死角，彻上彻下抓到人。四是规范化管理。员工持证上岗、作业标准化、设施规范化、施工程序化，凡事有章可循、凡事有人负责、凡事检查监督、凡事考核奖惩，依法治理安全。五是对违章处理严格按"教育、曝光、处罚、整改"步骤进行；对事故处理坚持"四不放过"原则，真正做到：查找事故原因能水落石出、处理事故责任者有切肤之痛、接受事故教训刻骨铭心、落实事故防范举一反三，他人亡羊我补牢，借他山之石，攻己之玉。

三、人员零违章

"心存侥幸，万祸之源"。违章作业等于自杀，违章指挥等于谋杀，必须把违章事件降到零。一是认真组织《反违章管理办法》与厂内"典型违章事例"、"习惯性违章事例"的学习，积极开展"关爱生命，远离违章"承诺签名、"亲属安全赠言"、"违章现象大家谈"研讨等安全文化系列活动，提高员工习惯性遵章意识。全面推行零违章班组与零违章部门年度考评，制定《反违章管理实施细则》与相应标准，落实员工违章考核与部门领导连带挂钩考核，动态监督，闭环控制，有章必循、违章必纠。二是设立厂、车间两级违章曝光栏，张贴违章者的情况，或实行违章现象在厂内局域网与电视上曝光，让违章者受到自我谴责，达到我要安全、不能违章之目的；通过岗位安全知识教育，专业技术、技能培训，取证上岗，掌握安全规章制度，操作、工艺规程，达到我懂安全、避免违章之目的；通过开展作业前危险预知活动，进行作业预案演练，严格执行两票三制，掌握岗位安全技能，全面推行标准化、规范化程序作业，达到我会安全、控制违章之目的；通过安全科技进步，提升安全管理的技术含量，不断增强防护设施，依靠高、新科技手段弥补人的过失，力争本质安全、杜绝违章之目的。三是利用生物节律临界，根据岗位员工的情绪变化，合理安排作业人员；对危险特岗作业人员建立心理档案，密切关注与了解作业人员心理状态和思想动态，对有思想情绪的作业人员及时进行询问，弄清导致不正常心理的因素，对症采取措施，净化违章滋生土壤。

四、考核零宽容

"得之于严，失之于宽。"安全考核必须严格责任追究，不得宽容。一是落实《安全生产责任状》、《安全生产奖惩实施细则》、《安全风险抵押金制度》、《违章待岗与领导连带考核制度》，坚决对事故直接责任者与违章当事者进行责任追究，对负有监督、监护、检查、验收不到位的责任者进行追究，无论是干部还是一般员工均应一视同仁。二是责任追究考核执行违章者离岗培训，扣罚月奖，经考试合格后才能恢复工作，否则，调整其岗位；对虽未构成事故，但违章性质严重，行为恶劣，使安全工作及社会造成不良影响或造成一般责任事故者，给予降低岗级处理；对违章降岗级期间，仍有违章行为或者年内多次出现违章情况者给予内部待岗仅享受生活费；对行为恶劣，造成人为违章事故或责任重大事故者坚决开除甚至给予刑法处理。

五、事故零意外

"事未至而预图，则处之常有余"。实行超前预防管理，可防患于未然。一是推行危险点预控。对生产中的每项工作，根据作业内容、工作方法、设备、环境、人员素质等情况，超前分析和查找可能产生危及人身或设备的危险点，在作业现场悬挂危险点标示牌，牌中详细标明存在的危险因素、切实可行的预控措施、安全责任人等，提醒人们注意危险因素，严禁违章行为。同时，动态危险点实行作业前填写《危险点预控卡》制度，运行部门在操作人写票时安排监护人填写预控卡，并由监护人在持票操作前向操作人宣读，检修部门在办理工作票时由工作负责人填写预控卡，并在开工前向工作班成员交底，知险避险，防范危险点诱发事故。二是实施事故隐患和职业危害作业点监控。从人、设备、环境三个方面入手，深入系统地排查生产作业现场和岗位的事故隐患以及职业危害作业点，全面进行辨识、分析，以格雷厄姆评估法〔$D=LEC$（D 代表系统危险性大小；L 代表发生事故的可能性大小；E 代表人暴露在这种危险环境中的频繁程度；C 代表发生事故可能产生的后果〕，对事故隐患与职业危害作业点逐个进行定性与定量的评估，计算出危险性分数值，对照分数确定其危险性等级，依据不同情况，组织整顿治理与强化管理，以消除隐患或控制职业危害作业点，避免发生事故。三是用因果图分析预测。依据企业历年事故追忆情况、电力系统同工种近年事故情况，用因果图调查研究事故发生前的状态找出可能引发事故的原因，并按工作中人的不安全行为与物的不安全状态进行分类整理，系统排列，确定安全工作重点，在此基础上，明确各岗位作业过程中自控、互控、他控和联控的内容、责任和手段，落实执行。对不安全行为立即制止与严格考核、对作业环境隐患积极组织排除、对设备缺陷认真安排修理。四是开展安全性评价。按照"贵在真实，重在落实"的原则，对生产设备与作业环境、安全管理等方面进行定性、定量的分析，对照评价标准找差距，提出必要的超前控制措施，一手抓评价，一手抓整改，整改项目事事有人管、件件有落实，全面消除危险因素，实现最低的事故率、最小的事故损失和最优的安全投资效益。五是提高危机排难能力。通过反事故演习、事故处理预案演练、上仿真机事故处理培训，岗位练兵、技术比武，把握事故规律，超前做好事故预想，果断、正确地处理异常与事故，提高处理应变能力，确保事故零意外。

第五节　养成良好的事故预想习惯

养成良好的事故预想习惯，是运行人员应具备的基本素质。在电力安全生产中，运行人员不仅需要熟悉各种设备操作、认真巡视检查设备以避免发生事故，而且在事故发生时还应能够及时准确地判断、有条不紊地处理。应当说，根据当前设备运行状态和天气变化情况、特殊运行方式，有的放矢地做好事故预想，是确保电力安全生产的重要一环。

养成良好的事故预想习惯，就是要保证一旦发生故障时，借鉴或凭借已有的正确预案及时、准确地处理事故，缩短事故处理时间，保证事故处理的正确性，从而使事故的影响和损失降低到最小程度。事故预想，这里是指根据设备的实际状态、天气变化情况、特殊运行方式假定发生某种事故或故障，并根据假定情况制订事故处理的过程。良好的事故预想习惯，已成为发生电力事故或故障时迅速处理的前提，也是加速事故处理的关键，它是保证电力安全稳定运行的基础。养成良好的事故预想习惯需要从以下几方面做好工作。

一、提高认识，加强培训

良好的事故预想习惯是增强事故应变能力的一种有效手段，也是运行人员防范事故、保证系统安全运行的一项有力措施。兵书曰："运筹帷幄之中，决胜千里之外。"事故预想就是战前的"运筹"，通过精心预测事故，正确制订事故处理预案，以期正确处理事故，是保证运行安全生产的前提。只有牢记"安全第一，预防为主"的方针，强化安全生产的理念，充分认识事故预想的重要性和必要性，并将事故预想的制订习惯化、制度化、规范化，将事故预想制订得准确、及时，未雨绸缪，防患于未然，才能避免运行事故的发生或扩大。也只有养成良好的事故预想习惯，运行人员在处理事故时才能胸有成竹，有条不紊，快速做出正确判断，果断拿出处理意见，妥善进行事故处理，以此保障发供电运行生产安全、可靠。

要养成良好的事故预想习惯，必须坚持做好运行人员的培训，不断提高运行人员的安全意识和业务素质，使其在生产过程中，有能力发现隐患，有能力对隐患进行正确的分析和判断，有能力提出合理的事故防范措施，只有这样，才能使事故预想更好地实施，从而保证安全生产。首先，在思想上让运行人员高度重视，提高安全生产意识，这种安全生产意识不仅体现在实际操作过程中，而且体现在日常能积极主动地做好事故预想，充分认识到事故预想是保证系统安全运行、正确的事故处理的重要环节。其次，加强运行人员专业理论学习和指导其在工作中积累运行经验，使运行人员在牢固地掌握专业知识的基础上，与时俱进，及时了解设备系统的运行变化规律、技改设备新技术，充分认识到全面、专业、扎实的知识基础是平时准确操作、制订高水平事故预想和及时处理事故的保证，通过培训使运行人员懂得如何进行事故预想。其三，开展仿真机事故处理培训与组织反事故演习演练，及时讲评和总结，使运行岗位人员能够正确应用事故处理预案。

二、正确做好事故预想

要做好事故预想，运行人员应根据设备运行系统的实际状况，依据从各类渠道获得的安全信息，对其发展趋势及可能产生的后果进行事先的分析和估计，预测有可能发生的事故，积极思考，大胆假设，以实战状态细致地制订处理预案。具体表现在以下几个方面。

1. 精心做好事故预测

所谓事故预测就是依据运行生产过程中各种安全隐患的危险状况及演变规律，在时间、空间或因果关系上做出正确的判别，假定生产过程中可能发生或可以预见的事故、故障，包括假定故障点、故障类型并由此预测故障可能造成的影响等。事故预测主要从以下三个方面着手。

（1）针对运行生产过程的突发情况进行事故预测。运行突发情况大致分为三类：第一类是不可抗力因素，如台风、雷电、暴雨、雾闪等不可控或不可抵御的自然因素；第二类是硬件因素，如转动机械、线路、设备、器具等的故障；第三类是人为因素，如违规、违章操作、违章指挥、违反劳动纪律等所导致的事故。这些事故的特点具有随机性、突发性，需要运行人员灵活把握。虽然突发恶劣天气不可控，但多少也存在着地域性和季节性特点，应根据当地历史和当前气象资料在其多发期前习惯性地进行事故预想，防范事故发生。

（2）针对运行生产过程的薄弱环节进行事故预测。发电运行的薄弱环节主要有：厂用接线不合理，保护、自动装置、热工系统不可靠，主设备存在隐患一时难以处理，已沦为二、三类设备等。另外，设备需要长周期运行，或老厂接线设计不够合理，技改资金又一时难以满足要求时，发电运行环节中也不可避免地留下弱点。这些环节一旦出现问题就有可能对安全稳定运行造成恶劣影响。由于薄弱环节在运行生产过程中有可能长期存在，是运行安全的敏感地带，故应成为事故预测的关注点，任何风吹草动都要引起运行人员的高度重视。

（3）针对厂用系统与主系统特殊运行方式进行事故预测。特殊运行方式是在一段时间内为了部分设备退出检修或缺陷处理以及设备在操作过程中的一种非正常运行状态，这种运行方式相对于正常运行方式可靠性低很多，极易发生扩大事故，必须进行事故预测。

2. 详细制订事故处理预案

制订事故处理预案，要求在严格执行电力规程、制度的前提下，针对现场实际情况与反事故措施，拟定正确事故处理步骤并严格执行。

由于实际情况，具体的设备或运行方式不同，同一设备发生同类故障的处理方法也可能不同，因此要求运行技术人员不但能够制定事故处理预案，还要能从多角度对同一事故预想提出多种处理方案并加以讨论和评议，根据具体情况找出最优解决方案。

运行部门每年都应修订补充本年度重大事故处理预案。实践证明，年度预案的精心编制为运行人员贯彻"安全第一、预防为主"的方针，准确、快速地事故处理，避免事故扩大，提供了重要的技术支持，并发挥了强大的作用。可以说，良好的事故预想习惯不仅是正确处理事故的保证，而且是最佳处理运行事故的前提。

3. 经常性地开展反事故演习

反事故演习是根据事故发生的可能性，对事故进行模拟并加以处理的过程。要求精心组织，事前保密，演习前编写预案，经部门审核、生产主管厂领导批准后才能执行。演习预案要有情景设置、正确处理步骤、现场监护、注意事项等内容，演习后要进行讲评，以提高实效性。

反事故演习为运行人员提供了实战演练的机会，是综合性的练兵。它能提高运行人员事故处理的应变能力、组织协调能力和心理素质，同时也是对运行人员安全规章制度贯彻情况、专业知识掌握水平、操作技能熟练程度以及事故预案灵活运用的一次综合检验。运行人员在进行反事故演习时，必须熟悉和掌握运行方式、设备特点，能及时、准确地针对各种故障与各个故障点迅速提出处理方案。反事故演习既是考察运行人员是否养成良好的事故预想习惯的机会，也是运行人员展示自己业务能力的舞台。

三、加强督查，落实责任

良好的事故预想习惯的养成不是一朝一夕就能达到的，需要运行人员不断努力，循序渐进，长期坚持。同时，要加强培训，监督检查管理，落实考核责任。凡是正确做好事故预想，处理事故的有功人员实施重奖；凡是不重视做好事故预想，当事故发生时慌乱处理，造成事故扩大或延误事故处理时间的实施重罚，不断强化岗位人员现场事故预想的自觉性。通过养成良好的事故预想习惯，必将为运行人员避免发生事故、正确处理事故发挥较好作用。

第六节 正确巡回检查

对运行设备的正确巡回检查是及时发现隐患、避免事故的重要途径，也是执行"两票三制"的重要内容，它是运行值班人员的一项重要的工作。

一、巡回检查的基本方法

1. 定时、定设备、定路线进行巡回检查

制定巡回检查制度，定时、定岗位设备、定巡回检查路线，做到既不脱时、不漏检又不重复，使巡回检查走过的路径最短、又省时、又到位。随着设备更换变动情况、生产变化情况和气候条件的换季，对巡回检查路线适时进行必要的调整，确保检查质量。

2. 确定重点的巡回检查

根据客观环境、季节性特点、设备运行状况等确定运行设备检查的重点，加强检查。如：春季绝缘受潮与鸟害，夏季电气设备接头过热，秋、冬季污闪、火灾、鼠害；下雨时，室内设备漏水；设备频繁启动后，断路器动作状态；停送电操作过的设备或检修过及新安装的设备情况；设备有缺陷又不够缺陷统计标准的隐患；锅炉定铊后薄弱处泄漏检查等都应作为运行设备检查的重点。

3. 常规全面的巡回检查

巡回检查既要强化重点又要讲全面。因为检查重点的设备未必都有缺陷，不是重点检查的设备不见得没有缺陷，必须按照规章制度分管的范围全面检查，不走过场，规定该查的设备一定要检查到位，不留死角。只要运行值班人员每次都按规程规定的检查路线、范围去认真检查，设备缺陷一旦发生，就能及时发现，及时处理。

4. 利用表计指示变化分析检查

每次进行设备巡回检查之前，在控制室先看一看表计指示变化情况，如振动、温度、电压、负荷情况、母线负荷分布等，做到心中有数，突出指示值变化大的、越线的重点检查，这对于发现设备缺陷是有很大帮助的。

5. 有分析有对比的检查

检查时，发现设备有异常现象要分析，要和前段时间的运行状况对比、和其他相同的设备对比，发现表计变化时要分析，要同过去的数据对比。比如检查电气设备接头过热，就要和过去比，颜色有无变化、邻近接头的绝缘带有无变色、接头接触面边缘有无烧伤痕迹等，根据检查情况采取相应的对策。

6. 由表及里、由此及彼的检查

如：检查开关柜、配电屏设备接头有无过热，可摸一摸盘门，从而判断出是否有局部温度高的现象，如果有局部温度较高的现象时，再打开盘门详细检查，这样既省事又安全；检查电机接头是否过热，摸一摸电机接线盒，与电机本身温度比较，接线盒温度略高于电机温度时往往有可能发生电机接头过热等情况。

7. 对设备的死角与带病设备应加强检查

环境脏、噪声大、不常运行及边远的设备，往往成为不为人们注意的死角设备，应加强此类设备的检查，因为对此类设备长时间放松警惕，使其成为设备检查的薄弱点，容易发生设备故障。而带病运行设备一时难以停下的，必须缩短检查间隔时间，加强监控变化，妥善安排处理，避免发展成为事故。

二、巡回检查工作的要求

（1）熟。指运行值班人员熟悉自己所分管的设备，熟悉设备的性能、结构、参数，掌握设备的实际状况，如设备的薄弱环节以及那些常见、频发的设备缺陷等。通过熟悉自己所分管的设备，不断积累运行技术和经验，掌握巡回检查要领，并在实践中不断摸索其运行规律，及时发现并排除隐患，把握安全生产的主动权。

（2）勤。一是眼勤。在巡回检查中，眼观八路，充分利用自己的眼睛，从设备外观发现跑、冒、滴、漏，通过设备甚至零部件的位置、颜色的变化，发现设备是否处在正常状态，及时制止事故苗头。二是耳、鼻勤。耳听四方，充分利用自己的鼻子和耳朵，发现设备的气味变化、声音是否异常，从而找出异常状态下的设备，进行针对性的处理。三是嘴勤。多问自己几个为什么，动脑思考，尤其在交接班过程中，对前班工作和未能完成的工作，要问清楚，详细了解，做到心中有数。四是脑勤。善于动脑筋分析设备的运行状况，预知可能发生的设备故障，提前采取预防措施；五是手勤。对设备只要能用手或通过专门的巡检工具接触的，就应通过手或专用工具来感觉设备运行中的情况，如判断温度变化、振动等。六是脚勤。在每次巡回检查中，严格按规定的检查路线、检查项目进行检查，决不偷懒，不漏检、不丢项，尤其是对那些偏远设备、死角设备和在恶劣条件下运行的设备，凡是应该检查的都应走到、查到。

（3）细。就是通过听、看、闻、摸等各种手段，深入细致地检查设备，运用感官洞察运行设备的异常，判断设备的故障。"细"即强调巡回检查要集中精力、专心致志，要一丝不苟地去感触设备有无缺陷的信号，稍有异常就引起警觉，仔细查找疑点，认真进行分析，追根究底，弄个水落石出，自觉地养成一种过细的良好工作作风。一是不走马观花，而是按检查路线走到，心也到，用心去想，用心去看；二是不仅观察设备的表面，还要看到设备的内在本质，注意查看设备的各种运行参数，如压力、温度、流量、油面高度等，不放过任何可疑现象，即使是一滴油、一滴水，也要弄清楚；三是不只是听一听机器是不是正在运行，还要注意设备运行的声音是否有异常，如听到有一点异常的声音，就要查清从哪里发出的，是否影响设备正常运行；四是巡回检查中利用自己的嗅觉闻一闻有没有烟味、焦味，一定要弄清其气味的来源；五是用手触摸设备外壳，感受其温度的变化并判断其是否有振动，以此判明设备是否过载，旋转设备是否存在动平衡等。可以说，"细"是发现设备隐患的重要前提。

（4）思。就是动脑筋思考，善于分析、准确判断。巡回检查时要思考设备现在会有哪些特殊情况、会有哪些异常反映、运行是否正常等。"思"应是对检查中感受到的各种异常情况进行的加工分析，是判断设备是否存在缺陷的前提。若事先有所思所想，即使遇到了紧急情况，也就不会手忙脚乱、手足无措，更不会盲目蛮干，通过冷静思考、准确把握，就能有序果断地处理，不延误时机。

三、巡回检查中应注意的问题

（1）巡回检查工作必须由经考试合格的运行值班员担任，检查中必须严格遵守《电业安全工作规程》中的有关规定和规程制度，集中精力，认真检查，不得做与检查无关的事情，发现缺陷要及时联系处理。

（2）避免新人员未经值班负责人同意独自进行运行设备检查、乱动或直接操作设备，或者好奇地乱摸、乱试新装置。

（3）巡回检查中，对确需用事故按钮停运的设备，应严格按现场规程规定执行。

（4）应有较强的安全自我保护意识，在巡回检查中，不该停留的地方不停留、不能摸的地方不乱摸、不能跨越的地方不跨越，确保人身安全。

第七节　运行安全走动式管理

运行安全走动式管理是加强运行安全员及部门值班管理人员与运行人员的沟通，走动式对现场人员、设备、环境进行安全监督检查的一种现代管理方法，这一管理方式强调运行安全员与部门值班管理人员现场四处走动，不局限于办公室或值班室，是极具效力的传递信息与直接监管方式，它对强化运行安全管理工作，提高安全生产水平意义重大。

一、运行安全走动式管理的特点

（1）有利于掌握现场第一手资料。能够让安全员与部门管理人员及时掌握现场安全生产实际状况，及时发现异常并采取措施解决问题。

（2）增强运行人员遵章守纪的安全责任感。通过现场走动，充分了解运行人员的安全工作情况、存在的问题，从而对症下药，改善员工工作环境等，激发员工的安全责任感，提高安全意识。

（3）了解运行人员的安全需求。通过与运行人员经常面对面地沟通交流，可以了解现场潜在的安全需求、设备运行安全细况、安全措施，从而有的放矢，不断改进安全工作。

（4）在线监督与制止违章违纪行为。通过走动式管理，充分发挥安全员与部门管理人员的骨干作用，加强监督检查，可以使事故苗头一出现就有人抓，异常情况一露头就有人报，违章一发生就有人管。

二、运行安全走动式管理的操作实践

（一）编写制度

任何有效的管理必须制度先行，运行安全走动式管理也应如此。制度以"简洁、实在、管用"为原则并结合运行部门实际来编写，应有三个方面的内容。

1. 走动式管理对安全员与部门值班管理人员的要求

正常情况下，安全员与部门值班管理人员每日深入现场走动不少于 4h，部门值班管理人员重在夜班时段，严格落实现场检查监督的内容与安全情况信息交流，严禁以检查工作为由，在其他单位办公室、现场控制室或各班组闲坐、谈天。坚持运行安全员与值班管理人员配备专用现场巡视检查记录簿，对每日检查情况做好记录，对现场发现的人的不安全行为、物的不安全状态与环境的不安全因素及时向各级领导汇报。同时，运行主任每月对各专用现场巡视检查记录进行一次查评，监督解决记录中发现的问题。

2. 现场检查监督的主要内容

（1）日常监督：设备主要运行参数、运行记录、值班纪律、设备缺陷跟踪消除情况，劳保用品、安全工器具、安全防护用品使用情况，两票三制执行情况，人身安全防护设施、设备（设施）安全技术执行情况，制止纠正违反安全工作规程现象。

（2）技术资料监督：现场图纸资料图实相符，配有校核过的直流熔丝配置图，每个控制室备有重大事故应急预案、运行规程，设备异动制度得到严格执行。

（3）操作监督：抽查"两票"动态执行情况，是否存在票面合格率高，而实际执行中还有不少问题；对发生的不合格"两票"有否定期进行分析，采取了措施；查是否认真执行保证安全的组织措施和技术措施，是否认真执行工作票履行检修开工许可手续，是否做到严禁无票工作、无票操作和单人操作（规程允许的除外），是否严禁以操作票草稿进行操作，或不带票、不看票操作；查在电气设备（线路）上进行全部停电或部分停电工作前，是否验电、挂接地线，是否存在不验电挂接地线或不按要求挂足接地线的情况，是否设置必要的安全遮栏、围栏和悬挂标示牌；查电话传达或接受操作命令时是否做到互报单位和姓名，使用统一的操作术语和设备的双重编号，是否按规定进行记录和录音，操作前是否进行预演，是否认真核对设备的名称和编号，是否做到严禁约时停送电。

（4）"三制"与设备缺陷监督：查交接班制、巡回检查制、设备定期试验轮换制执行情况，是否做到执行严格、记录完整、责任明确；查设备缺陷管理制度是否得到严格执行，是否对设备缺陷的情况进行定期分析。对一、二类缺陷是否督促检修部门及时来消除，一时难以消除的，现场是否做好了事故预想，并制定了反事故措施。

（5）设备竣工验收监督：落实执行《国家劳动安全监察条例》和部颁《电力安全监察规定》的情况，反事故措施项目与安全有关的重点非标项目是否保质保量完成的，是否消除了已发现的设备缺陷；安全保护装置和自动装置动作是否可靠，主要仪器、仪表、信号及标志是否正确，各种检修和试验记录是否准确、完整，是否按规定办理竣工手续和工作票终结手续。

3. 奖惩规定

除了对违规违纪直接责任者进行月度经济责任制考核外，对运行生产过程中发生的严重违反安全规程、规定的人为现象，被安全员或部门值班管理人员发现的，班长连带考核；被他人举报经查实或被安监员及其他领导发现的，部门安全员连带考核；被上级部门和其他厂领导发现的，部门安全员、当天部门值班管理人员、分管专业主管连带考核。至于未能认真履行岗位职责或工作未能取得实效，致使在一个月之内发生多次连带责任的、在工作中玩忽职守的，对可以避免重大事故和人身轻伤事故未起到应有的监督作用或利用职权弄虚作假、隐瞒事故、徇私舞弊、打击报复的，按有关规定给予从严处罚，部门领导连带考核。当然，在安全走动式过程中对安全员或部门值班管理人员制止、避免人身伤害或设备事故的、在检查执行工作票或操作票中做到月度无差错的，按厂部奖惩规定给予奖励。

（二）落实制度执行

（1）通过对运行安全走动式管理方法的讲座、研讨、考试等学习培训方式，让安全员与管理人员掌握运行安全走动式管理方法的内容与要求，知道如何去做，让运行值班人员提高安全责任意识与自觉遵章守纪意识，主动约束自己。对监督检查中发现的重大问题和隐患，下达安全整改通知书，限期解决，并向上反馈。

（2）坚持安全分析会与安全日活动，执行对整改措施计划落实情况进行定期报告的制度，在部门网页上公布走动式巡视检查记录，落实违章考核并曝光、进行设备隐患跟踪整改或技改，闭环控制，责任到位，偏差管理，将安全走动式管理制度贯彻到底。

三、走动式管理应注意的问题

（1）运行安全员与部门值班管理人员应合理安排案头工作与走动时间，确保每日深入现场走动式不少于4h。其中，部门值班管理人员必须夜间走动式现场监督检查一次。

（2）走动不是出巡，运行安全员与部门值班管理人员不能像钦差大臣出巡那样，光摆威风，不管实事，否则走动将一无所获。

（3）不能为了执行安全走动式管理而走动，装样子闲逛，对不安全情况不闻不问，否则安全监督管理自然没有效果。

（4）在工作场所，运行安全员与部门值班管理人员的主要工作是安全监督、检查、指导与沟通，绝不能不分青红皂白瞎指挥、乱干预，从而打乱现场工作秩序。

第八节　从"头"抓反违章

违章行为是诱发事故的温床与祸根，它对安全生产危害极大，又是安全生产工作的痼疾，有效地反违章行为，必须从头抓起。

一、抓头头

抓头头即从领导干部率先垂范，以身作则，自觉遵章守纪，起好的带头作用抓起。进一步强化反违章责任意识，不断深化第一责任者的安全工作机制，坚持深入调查研究，到生产第一线去，发现问题，解决问题，全面掌握现场安全生产情况，扎扎实实地取得反违章工作的发言权和主动权。坚持结合实际组织制定反违章工作计划，具体部署，狠抓落实，部门领导挂钩班组。重视学习《安全生产法》、《电力生产安全工作规定》、《事故调查规程》，熟悉岗位安全规章制度，严格履行安全第一责任者职责，在反违章方面起模范带头作用，时时处处照章办事，以自身的优良作风影响员工，以"换位"的观点体贴员工，在履行"关爱生命、远离违章，一切从我做起，从现在做起"的行动中，要求员工做到的，领导自己首先做到，正人先正己，杜绝本身的违章作业和违章指挥。

二、头头抓

头头抓即领导干部从落实安全责任制，督促各部门履行好反违章职责抓起。精心组织以创建无违章企业为目标，健全有效、管用的反违章管理制度，狠抓落实。第一责任者亲自主持召开反违章工作专题会议，积极支持安监部门依法履行职责，协调解决反违章工作的人、财、物及其他问题。在组织计划、布置、检查、评比、考核生产（施工）任务时，一道计划、布置、检查、评比、考核预防违章措施，注意将零违章与企业创一流工作相结合、反违章奖惩与安全风险抵押相结合、预防违章与开展安全标准化作业及安全竞赛相结合，重点对班组反违章工作这个前沿阵地把好关。注重落实班组长安全第一责任人及各岗位人员的安全职责，推行无违章班组、个人"零违章、零违纪、零事故"活动，实行个人自保与班组联保，严抓实管、强化监督、违规必究，累积积分考核，"怀慈悲心肠，使霹雳手段"，即使是违章未遂事故，也将严厉惩处，直至下岗、开除。

三、抓源头

抓源头即从人为起因抓起，从凡事有章可循、凡事有人负责、凡事有人监督、凡事有据可查，关口前移，提前防范抓起。一是对行业以往具体的违章案例进行深入细致的调查研究，尤其是对身边发生的事故和违章苗头等找出具体的原因和规律性的东西，从中吸取教训，有针对性地制定预防措施，一抓到底，从根本上消除产生违章行为的原因。二是员工个人从正反两方面典型安全事例中予以借鉴，"他亡羊，我补牢，借鉴先进，迎头赶上"，注意安全意识与安全技术素质的培养，提高自我防护能力。三是注重群体的相互监护、相互保护、相互约束，合理协调，互相监督。做到：有人要违章，立即有人制止，作业环境有隐患，立即有人汇报，以整体安全负责的原则，努力提高群体反违章水平。四是健全规章制度、措施保障有力。从规划、计划到安全技术组织措施的落实，合格安全工器具与安全防护用具的正确使用、工作程序化、作业标准化、安全设施规范化，以及在线监控员工的思想情绪变化，探究原因，及时做好工作，起到超前预防违章的积极作用。五是制定安全工作行为准则，让各岗位熟悉准则并考试合格，在班组醒目位置摆放警示，作业前对有关行为准则的内容进行宣讲，规范作业行为。六是强化反违章监督检查与细化管理，增强安全管理技术含量，抓苗头、抓异常、抓未遂，依靠高、新科技手段，把违章行为控制在未发生之前，从源头上给以根除。

四、抓人头

抓人头即从全员、全面、全方位的管理抓起。建立以"违章指挥如同杀人，冒险作业等于自杀"安全警句为中心的反违章理念识别系统，将反违章警言警句进行汇编，编写本企业历年违章事故及预防措施，除了定期组织安全日、安全月活动学习外，积极开展经常性、有效性的反违章系列活动；建立以安全标志为主要内容的反违章视觉识别系统，规范与完善现场警示标志、安全设施标准化；在企业内设立违章曝光栏，张贴违章者的违章情况及其违章处理情况，建立相应的员工违章档案，累积积分考核；建立以反"三违"为重点的反违章行为识别系统，规范作业行为，提高执行《电业安全工作规程》的刚性，加大违章行为惩罚力度，以"零宽容"促进"零违章"，营造"珍爱生命，远离违章"的反违章文化氛围。坚决把反违章行为工作做到每一个人身上、每一个岗位上、每一个作业环节上，贯穿于企业生产全过程，特别要做好重点人和薄弱环节的工作，强化作业危险点预控，层层把关，步步设防，时时处处受控，把违章险情消灭在萌芽状态之中。各岗位严格执行《电业安全工作规程》、《反违章管理办法》、《安全工器具管理规定》、现场《运行规程》与《检修工艺规程》，落实《安全注意事项交待卡》、《三不伤害卡》、《作业危险点预控卡》、《安全生产奖惩规定》。坚持安全生产教育培训制度，组织进行季节性、专业性、专题性的安全知识及工作责任心学习培训，举行规程、规章制度、防止人身伤害事故处理预案以及反习惯性违章管理办法等培训考试，提高安全意识与技术水平，避免违章行为。

五、上心头

上心头即解决人的思想认识与主观因素问题，纠正不良的心理定势，调动员工遵章守纪的内在积极性，让反违章意识进额头、上心头。开展安全规程三级教育考试与以"零违章、零违纪、零事故"及"纠违章、查根源、防事故、保安全"为主题的安全系列活动，纠正违章行为，加强安全良性暗势，端正安全态度，增强员工安全使命感、责任感；组织进行"事故追忆"与举办图文并茂的"违章事故图片展"等安全反思及教育活动，剖析事故案例，吸取经验教训，以史为鉴，警钟常鸣；深化人人都是"安全员"，人人都有责任、有义务、有权利制止身边违章现象的意识，在场发现违章现象不制止，本身也属违章并连带考核。充分认识："违章不禁，危险难除，违纪不止，隐患难消"，"违章违纪猛于虎，遵章守纪安如山"，"违章不等于事故，但人为责任事故必然违章，安全工作必须从反违章抓起"。坚决从组织上、思想上、行动上强化对遵章守纪的重要性、紧迫性、长期性的认识，以及对违章危害性的认识，筑牢反违章思想第一道防线，自觉抵制违章行为。

第九节　安全工作"十到位"

安全工作是企业各项工作的基础与前提条件，是实现预防事故、避免人员伤亡和财产损失的保证。要实现始终处于"可控、在控"状态的企业本质安全，应做到安全工作"十到位"。

一、认识到位

请安全工作先进典型现身说法，树榜样；开展危险点预控活动，进行危险性教育，知险避险；学习《事故通报》，引导员工充分认识政治、经济损失账和对社会造成的影响；学习上级对违规违纪与安全管理的处罚制度，打好"预防针"；分析事故对设备和人员的伤害，提高员工的自律性。让大家明白安全不仅关系到每一位员工的利益，而且关系到自身的生命安危，甚至影响社会的稳定。牢固树立"安全第一，预防为主"的方针，真正实现"我要安全"的自觉行动。

二、组织到位

一是建立安全约束机制。健全各岗位安全操作规程、技术规程、岗位责任制，坚持以铁的纪律、铁的面孔、铁的手段反"三违"。以安全教育从严，把好持证上岗关；检查落实从严，把好隐患整改关；事故查处从严，把好"四不放过"关，落实安全、约束到位。二是建立安全组织保障机制。行政一把手亲自抓、总负责，分管领导带头抓，安监部门与车间领导具体抓，三级安全网有效运转，党政工团齐抓共管，真抓实干，考核兑现，落实安全组织保障到位。三是建立安全激励机制。坚持奖罚并举的原则，建立行之有效的安全奖惩制度，对安全生产有功之人实施重奖，对违章与事故责任者实施重罚，做到"奖得让人心动，罚得让人心痛"，调动员工安全生产积极性，落实安全激励机制到位。

三、思想到位

领导应经常深入现场、班组，注意对下属员工察言观色，对每一位员工的思想变化，探究原因。坚持理解人、关心人、爱护人的观点，分别情况做好引导、教育或解释、劝慰、说服工作。采取班前抓预防、班中抓联防、班后抓访谈的措施，消除不利于安全生产的思想情绪，为安全工作保驾护航。

四、知识到位

坚持开展事故预想、反事故演习、现场抽考、技术比武和岗位练兵，实施仿真机培训，有针对性地进行专题技术讲座活动，熟练掌握本岗位的安全工艺与操作技能，以及处理突发事故的能力；更新改造设备，推广新工艺和新技术，掌握其应用技术和实现安全管理的现代知识；依靠科技进步，解决影响安全生产的技术难题；应用现代安全管理手段、先进安全技术，创造现代安全环境，将知识成果转化为安全生产力。

五、领导到位

行政一把手进入安全第一责任者的角色，做有心人。把"安全一票否决"落实到日常工作中，在安排布置工作时，认真部署好安全工作，并交待好注意事项；经常进行督促检查，充分发挥各级安全员和每位员工的积极作用，实行互相监督；遇有重大事故隐患、重大项目或危险作业工作时，生产领导亲自到位检查，让安全管理责任到人、监护到位、措施到底。

六、帮、督到位

在日常工作中，现场作业人员除了落实自己的安全责任、遵章守纪外，如果发现其他人员有不安全苗头应及时制止，班长、班组安全员或监护人应监督、检查，整体负责。要使每一个员工都能做到不伤害自己、不伤害他人、不被他人伤害，确保整体安全。

七、措施到位

采用"安全性评价"、"危险点分析"、"一法三卡"、"应急预案预警系统"等现代安全管理手段，从设备、环境、管理入手，对各种可能发生的事故隐患进行评估，做到超前预防、超前控制。实行标准化作业，执行工艺程序卡、作业指导书。严格"两票三制"，坚持使用安全检查表。在执行安全措施的过程中，应做到人人尽职尽责，互相监督，共同接受规章制度的约束；根据新情况和新问题，积极地采取有力措施，针对可能发生的异常做好事故预想，防范可能发生的事故。

八、落实到位

坚持"未拿到合格上岗证的不准上岗操作；未经专门安全培训的人员不准上岗，不落实安全措施的项目不准施工"；一旦出现问题，应做到"原因不清不放过，责任者不清不放过，安全措施不落实不放过"。把安全生产责任制、规章制度、现场有关规程以及企业、车间按照新情况、新设备、新技术、现场异常状态等下达的安全技术组织措施落实到位，不折不扣地执行。让班组员工扎实地投入到控制异常和未遂中来，做到岗位无隐患、个人无违章、班组无伤亡，严格控制异常与人身未遂。

九、责任到位

"安全为天，责任为本"。员工有了责任心，才能遵章守纪，积极进取，追求卓越，工作上"心"；才能使安全工作细中见精，小中见大，对安全管理敢唱黑脸，不留情面；才能使安全生产的主体地位得到充分体现。必须教育到位，使每位员工将"安全为天"、"安全第一"的思想入脑入心，居安思危，警钟长鸣；必须检查到位，及时发现安全隐患并组织排除，掌握安全死角、薄弱点、危险源并采取针对性对策；必须分析到位，掌握事故发生的原因，探索事故的根源并落实预防措施；必须管理到位，反违章、强监督、抓落实、职责明确、责任追究、闭环控制、偏差考核，真正筑起人人尽责，个个到位，群防群治的安全防线。

十、考核到位

坚持"严、细、实"的工作作风，严格规章，有章必循，责任到人，考核严格。安全评价考核体系以"五零"（设备零缺陷、管理零漏洞、人员零违章、考核零宽容、事故零意外）目标为标准，实行"安全风险金"与"安全长周期累进金"奖惩制、员工个人安全积分制。坚持对安全检查信息传递不过夜；对违章违纪行为处分不过天；对隐患整改"小缺陷处理不过夜，大缺陷处理抓到底"。实现对有效制度百分之百执行，对违章违纪行为百分之百登记上报，对违章作业百分之百处理。

第十节　安全工作抓落实

尽管一些电力企业对安全工作开会时大声疾呼、千叮万嘱，然而，现场安全生产情况并不理想，设备故障频发、习惯性违章屡禁不止、误操作事故居高不下。细细推敲，盖源于安全基础薄弱，重要的是安全工作抓落实不够。

一、抓落实必须从"头"抓起

（1）从头头抓起。即领导干部率先垂范，以身作则，起好带头作用。各级安全生产第一责任者对安全工作心中有数，不仅清楚自己的安全责任是什么、怎样履行自己的安全责任，而且清楚自己是否尽到了自己应尽的安全职责、分管工作存在的问题点和整改内容，一级抓一级，一级对一级负责，逐级落实与完善安全责任制。企业安全第一责任者应做到：思想到位、责任到位、工作到位，对带有方向性的安全问题亲自过问、亲自抓；根据动态变化情况及时调整安全工作部署，把握安全生产工作主动权，扎实抓好各项安全生产工作。

（2）从源头抓起。即从规划、设计、监造、安装抓起；从凡事有章可循、凡事有人负责、凡事有人监督、凡事有据可查，依法治企，以德育人抓起。坚持重心下沉、关口前移，对每一次"异常"、"未遂"的发生探究根源，积极围绕生产现场存在的问题，从不同环节入手，分层次解决好设备、管理、人员素质等问题，不留隐患。

（3）从人头抓起。即抓全员、全面、全过程的安全生产，严禁违章作业、违章指挥、违反劳动纪律，充分认识违章不等于事故，但人为责任事故必然违章，抓安全工作必须从违章抓起的理念。在保人身、保电网和保主设备安全方面，每一个员工应从我做起，从现在做起，立即行动起来，查隐患、查现场标志、查安全设施、查安全工器具、查违规违纪行为，未雨绸缪，严格管理，超前防范，把事故隐患消灭在萌芽状态。力争达到"零违章、零违纪、零事故"，"不伤害自己、不伤害他人、不被他人伤害"。

（4）从心头抓起。关键是解决思想认识问题，重视思想政治工作，以人为本，加强引导，开展安全生产知识竞赛、"安全在我心中"巡回演讲赛等生动活泼的活动，以身边的人和事为内容，进行潜移默化的安全教育，组织员工认真学习电力安全法规制度和事故汇编，坚持安全"四不放过"原则，做好事故追忆工作，增强全员的安全意识，全面提高安全文化素质。真正从讲政治、保稳定、促发展的高度认识安全工作，让"心存侥幸，万祸之源"、"安全工作无小事"、"隐患险于明火，防范胜于救灾，责任重于泰山"等警言警句入脑入心，并落实到每一位员工的具体行动上。真正做到居安思危，警钟长鸣。

二、抓落实必须形成合力

抓落实是一项群体行为，求实效指的是整体效应。对抓好安全工作的重要性、遵守安全工作规定的必要性、"三违"行为的危害性、提高人员安全素质的紧迫性、以及偶发安全事故的必然性要有统一的认识，员工上下形成合力，避免因认识不到位而出现不安全现象。紧紧围绕"安全生产"这个主题，杜绝上情下达的"衰减效应"、落实过程的"中梗阻"现象。上下同心同德，把安全生产的各项工作做好。

三、抓落实必须求真务实

1. 安全目标到位

制定切实可行的年度安全工作目标与实施措施，落实分解月度目标并实施检查。切实做到：企业控制事故，不发生人身重伤；车间控制障碍，不发生人身轻伤；班组控制异常，不发生人身未遂；个人控制差错，不发生"三不伤害"。

2. 检查监督到位

认真做好春、秋季安全大检查工作和开展安全月活动。实行"查前查"：在全面进入查设备隐患、安全设施、安全工器具前，由班组自查、生产车间组织技术管理人员互查、厂部在互查基础上组织安监员、专工分片全面查。各级领导和管理人员应"五到现场"：进行复杂操作或大型作业时到现场、进行大型作业安全检查措施的制定时到现场、进行事故调查与处理时到现场、进行复杂的或新开展的带电作业时到现场、检查工作必须到生产现场或作业现场。确保安全检查质量，及时发现隐患并落实整改或安排技改。坚持"四不放过"：对一年中上级检查提出的问题不放过，对在考核中受到批评的问题不放过，对本单位一年中所发生的事故、障碍和异常不放过，对系统内发生事故吸取的教训不放过。安监人员应重心下层，每天下现场超过 4h，实行走动式管理，使违规违纪一发生就有人管，事故苗头一出现就有人抓，异常情况一露头就有人报，强化现场安全动态管理，实现检查监督到位。

3. 技术组织措施到位

严格遵守安全工作规程，运行、检修工艺规程，落实"危险点预控卡"、"三不伤害卡"、"安全注意事项交待卡"。一切运行维护、计划检修、基建、技改施工的技术组织措施应不折不扣地执行，在保证安全情况下，保证作业质量。通过开展事故预想和反事故演习，提高运行人员事故处理应变能力，严防误操作，杜绝人为责任事故；严格按施工程序施工，杜绝抢工期而忽视安全的现象。

4. 安全责任到位

严格落实安全责任状，使安全工作目标到位、责任到人。对事故和不安全现象，除了从厂家设备监造、设计、自然条件分析客观因素外，还要从运行、维护、检修试验与管理上查找原因，采取对策，直至问题彻底整改为止。对违反安全工作规定，心存侥幸，麻痹大意甚至玩忽职守而造成事故和损失的责任者，应从严、从重处理。

四、抓落实必须坚持标准

标准要求不同，效果自然不一样。坚持安全工作高标准、严要求，自然是真正意义上的抓落实，成效也很明显；反之，放松要求，降低标准，就谈不上真正的抓落实，安全工作得不到保证，不安全隐患、不安全现象也将随之而来。要切实执行安全法律法规、现场安全规章制度与规程、员工安全立体防护到位标准，违规必究、力戒粗心。做到安全管理彻头彻尾抓到底、彻里彻外抓到位、彻上彻下抓到人。

五、抓落实必须突出重点

不抓重点就没有深度、没有典型，突出重点才能抓住要害、抓住关键点、薄弱点，才能把握工作的主要矛盾和主攻方向，以便采取有效措施加以突破。

1. 防电力人身伤害的重点

对于机械伤害、起重伤害、触电、烫伤、高空坠落等事故，应重点解决防护能力差、违章作业、失去监护、安全措施不全、设备工器具缺陷等问题，细化分析人为起因，采取措施，常抓不懈，力争人员零违章、管理零漏洞。

2. 抓设备安全的重点

加强设备缺陷维护管理，开展技术改造和技术攻关，对有怀疑的主设备进行跟踪监督，及时消除隐患。

3. 抓存在问题整改的重点

对安全性评价与安全检查偏差项目、事故隐患分析评估重点项目，应安排人力与费用，资金问题按轻重缓急的原则处理，管理缺陷应立即整改。

六、抓落实必须改进创新

1. 机制创新

真正建立起覆盖全员、全方位的以"安全性评价＋安全大检查＋安全活动分析会＋安全奖惩"为基础的、具体的、动态的、科学高效的安全生产保证体系和监督体系，狠抓"高、严、细、实、保"，形成以预防为主、员工参与、自我约束、持续改进的安全良性循环机制，通过作业的程序化、标准化、制度化，实现安全生产的持续改进，求得长治久安。

2. 管理方法创新

推行安全性评价。按"贵在真实，重在落实"的原则，对照评价标准找差距，一手抓评价，一手抓整改，整改项目应事事有人管、件件有落实；推行危险点分析，推行安全立体防护，围绕安全生产这个中心，构成一个封闭的立体，尽职尽责地落实每一子系统各岗位的安全职责，做好本岗位的安全工作，使安全工作做到没有疏漏，实现闭环管理，保证安全生产。

3. 技术创新

充分发挥技术平台对安全的支撑作用，引进与使用安全新技术。建立以可靠性为中心的维修体系，从技术上保障安全。

第十一节　坚持"四不放过"原则

"安全第一，预防为主"揭示了安全生产的客观规律，"四不放过"就是尊重客观规律应遵循的准则。在运行安全管理中，坚持"四不放过"原则，就是要认真总结事故教训，吸取经验教训，举一反三，防止悲剧重演，并将其贯穿到事故预防、事故处理的全过程。

一、事故处理要坚持"四不放过"原则

"事故原因不清楚不放过，应受教育者没有受到教育不放过，没有采取防范措施不放过，事故责任者未受到处罚不放过"是事故处理的"四不放过"原则。坚持"四不放过"原则，就是要牢记血的教训，抓事故追忆，抓督查，抓整改，步步为营，环环紧扣，一管到底，狠抓落实，让员工真正把血的教训入脑入心，吸取教训。

1. 查找事故原因能水落石出

追查事故的目的是查清、探明、找准、发现事故的主要原因。"四不放过"原则把"事故原因未查明不放过"放在最前面，可见把事故原因找出来十分重要。只有坚持事故调查分析，运用辩证唯物主义的观点、从内因和外因两个方面进行科学分析，真正把事故原因探查出来，才能根据探查出来的事故原因把真正的教训总结出来，更好地吸取教训。

2. 处理事故责任者有切肤之痛

处理事故责任者要坚持重罚政策。"怀慈悲心肠，使劈雳手段"，只有这样，才能警醒自己，警示他人。要让事故责任者公开作检讨、写保证书，进行行政处罚（如：处分、待岗、开除甚至追究刑事责任）、月度经济责任制考核，使事故责任者受到自我谴责，有切肤之痛。同时，还要让所在部门领导执行向上级安全问题"说清楚"制度，连带责任考核，决不含糊。

3. 接受事故教训刻骨铭心

接受事故教训才能防止事故重复发生。事故重复的症结在于没有认真吸取和牢记血的教训，接受血的教训不是简单的树个碑、喊个口号、一时的强调，而是围绕牢记血的教训做大量细致的工作，如：加强安全培训教育，让事故责任者在安全日活动中现身说教，分析事故根源，员工对照规程扩展讨论，吸取教训，总结经验，集思广益。即使是一般事故责任者，在接受行政、经济处罚的同时，也要下岗反思学习规程，重新进行《电业安全工作规程》、《运行规程》考试，合格后才能重新上岗。

4. 落实事故防范举一反三

做出事故处理决定不是事故处理的结束，总结教训和吸取教训、制订并落实事故防范措施等工作在事故处理决定做出之后才刚刚开始，一个事故的处理只有把总结教训、吸取教训、落实事故防范工作做完了才算完结。做好事故防范要求措施具体、可操作性强、有实效性，整改到位。要举一反三，做到"他人亡羊我补牢"，"借他山之石，攻己之玉"。只有这样，才能真正做到预防与避免类似事故的发生。

二、对违章行为同样要坚持"四不放过"原则

违章行为是诱发事故的根源，遵章作业是安全生产的保证，只有做到零违章，才能确保零事故。对违章行为同样要坚持"四不放过"原则，才能从根源上预防人为责任事故的发生。

1. 违章原因不查清不放过

运行人员违章原因大致有三类：一是不熟悉安全规程、不懂得规章制度而违章；二是懂得规章，图方便、麻痹大意、抱侥幸心理而违章；三是情绪失控、心理失衡而违章，如酒后上班、吵架后马上执行操作等。要查清违章原因，关键是深入调查分析，寻根溯源，透过现象看本质，细化挖掘人为深层次起因，直至便于制订可操作性强、有效的反违章措施为止。

2. 违章者未认清错误不放过

对违章责任者加强安全教育，从思想上提高安全意识，充分认识违章的危害性，以"违章就是事故"的层面来认识错误。要帮助他们认识到：违反安全工作规程，就是违反电业安全工作的客观规律，必将受到客观规律的处罚，违章的结果不仅危及自己，还会累及他人，必须严格遵章守法。

3. 违章责任者未严肃处理不放过

违章现象屡禁不绝的一个重要教训就是处罚不严，失之于宽。对违章责任者处理应执行待岗反思学习、经济责任制考核；运用厂局域网、公告栏曝光、立此存照；让违章责任者当义务安全监督员，纠正违章行为，体验安全工作的重要性与违章的危害，以及抄写安全规程有关内容，直至学懂、弄通，知错、认错、改错为止。只有对违章责任者从严惩处，罚得让人心痛并彻底醒悟，才有可能铲除违章行为。

4. 不制定反违章措施不放过

针对性制定反违章措施，举一反三，落实整改，避免违章类似事件的发生，是对员工生命负责与安全保护的体现，是对违章责任者的关爱。要制定与落实反违章措施，严格执行《运行反违章管理实施细则》，进行《安全生产法》和《集团公司反违章管理指导意见》的培训和考试，让员工知法、懂法、守法、护法、遵章，通过学习提高安全意识，牢固树立"违章就是事故"和"反违章是员工基本技能"的观念，营造运行安全生产中"遵章守法，关爱生命"的安全氛围，提高"三不伤害"能力。

三、对安全隐患也要坚持"四不放过"原则

安全事故的发生，大都经历隐患逐渐生成、扩大和发展的过程，这就要求在事故未发生之前，积极采取措施。因此，对待安全隐患也要做到"四不放过"。只有这样，安全隐患才能从源头上得到治理，才能从根本上得到消除，安全事故才能从真正意义上得到预防。

1. 安全隐患原因不查清不放过

查找安全隐患原因是事故防范的前提。无论在日常运行工作中，还是在平时的巡视检查与专项安全大检查中，我们身边总能发现和看到运行工作中的各类不安全隐患，如设备严重带病运行、重要辅机运行无备用、防误装置失效、极不合理的运行方式等。要针对存在的安全隐患，追根究底，认真查找隐患原因，查"微"知"彰"，只有原因找对了，找准了，才能对症施治，才能从根本上治理和消除安全隐患，才能防止安全事故的发生。

2. 安全隐患得不到处理不放过

处理隐患并追究隐患责任是事故防范的重要手段。安全隐患存在的原因大多是由于员工安全意识不强，安全观念淡漠，不善于自我保护，违规作业，以及企业安全投入不足，生产设备老化却不愿进行更新，生产设备长期带病运行或对安全工作中的重大问题没有及时想办法研究解决从而埋下事故隐患。要及时发现隐患、及时报告、及时提出解决方案，落实处理到位。要对造成安全隐患的责任部门和责任分管人，严格依照奖惩制度严肃查处隐患责任，加强动态监督，闭环考核管理，坚决不予放过。

3. 安全隐患整改措施不落实不放过

落实隐患整改措施是事故防范的基础。基础不牢，地动山摇。对存在的安全隐患坚持不放过一个隐患苗头，不留下一个安全死角，跟踪每一处细节变化，落实每一项整改措施。做到整改方案、整改措施、整改责任、整改资金、整改时间"五落实"，锲而不舍，狠抓不放，直到整改符合现场安全要求为止。

4. 安全隐患教训不吸取不放过

吸取隐患教训是事故防范的根本。就是要举一反三，警示教育大家，安全隐患的存在终将带来严重危害和恶果。要学会观察、思考、积累、借鉴、实践，认真吸取隐患教训，防止出现新的隐患或重复发生已经出现过的隐患，从源头上治理、从源头上根除，从根本上消除安全隐患。

总之，对待任何安全事故、违章行为、安全隐患等不安全事件，无论大小，都要坚持"四不放过"原则，强化安全生产和规章制度教育，举一反三，防微杜渐，预防与避免同类不安全事件甚至事故再次发生。要抓好员工安全教育和培训工作，抓好安全规范化工作，抓好安全技术措施贯彻落实工作，抓好反违章处理"教育、曝光、处罚、整改"工作，抓好隐患排查治理工作，严惩"三违"人员、严惩责任事故人员，决不手软。如此，必将能更好地保证安全。

第十二节　触电事故原因及预防

发生一起恶性触电事故，对企业、对死者家属、对企业员工都会造成很大影响，并影响正常生产秩序，造成极大的经济损失，因此对于天天需要与高、低压电气设备打交道的发供电企业员工来说，应分析触电原因并采取预防措施。

一、电气触电原因

某厂曾发生了 6 起触电事故（见表 7-1），归类统计原因有：违规操作、个人防护不当、安全措施不全、误入带电间隔。剖析其人为起因，主要有以下几点。

（1）安全意识淡薄，工作粗心，责任心不强。具体表现在：无票操作、违规作业；未穿戴合格的安全防护用品、未使用合格的安全用具，如穿的确良衣服、使用外壳金属手电；工作中失去监护，工作负责人未履行安全职责，未能交待检修范围设备带电部位及安全注意事项，未能充分认识到电气工作处在潜在危险的环境之中，"电"能致人于非命。一旦违规作业，可能带来的就是设备短路损坏或触电事故发生。

（2）技术素质差。不熟悉现场设备运行系统，对部分停电工作不能区分哪些是带电部位，哪些是已停电部位；不熟悉防误闭锁销的作用及拔出后可能造成的严重后果；操作未能很好的履行操作监护制度，检修工作未能很好地执行安全工作规程与工作票制度；停电安全措施不全，该挂的警告牌未挂，该加锁的隔离开关未加锁，带负荷合闸。

（3）习惯性违章。有的在临下班操作或工作任务忙时急于求成、图省事、存在求快心理、无票作业；有的操作中监护人精神不集中、思想麻痹、监护不到位或失去监护，操作者存在"我管干活你管安全"的心理，自我保护意识不强，依赖监护人。装设地线不验电，违规乱动防误闭锁销，擅自解锁进入带电间隔。

表 7-1　　　　　　　　某厂 1972～2005 年触电情况统计表

日期	触电简况	原因分类	伤害类别	伤亡程度
1978.4.14	薛××调整 6271 隔离开关时，隔离开关自动合上，被电击昏	安全措施不全	电击	轻伤
1978.5.1	陈××带负荷送电焊机电源，面部、右手烧伤	违规操作	灼烫	轻伤
1979.7.23	王××处理开关缺陷，身穿的确良衣服，因手电筒碰及电源烧伤上部前半身	个人防护不当	灼烫	重伤
1982.3.6	鲍××无操作票装设接地线时，未验电、监护不力，引起带电装接地线，弧光烧伤脸部及左肘关节摔伤	违规操作	灼烫	轻伤
1984.8.7	薛××对断路器加油失去监护，青工刘××拔出隔离开关操作闭锁销，隔离开关带接地线合闸，短路地线烧断后，被电弧、油火烧伤，抢救无效死亡	安全措施不全	灼烫	死亡
1985.10.23	洪××因工作负责人未详尽交待设备带电部分，擅入非检修带电间隔进行清扫，触电跌落，左手指烧伤，颅壳裂纹	误入带电间隔	电击	轻伤

注　1985 年后该厂未发生触电事故责任。

二、预防触电措施

1. 提高安全技术水平

树立"安全第一"，"不伤害自己、不伤害他人、不被他人伤害"的思想，认真吸取触电事故教训，举一反三，深入分析"人"的不安全行为和"物"的不安全状态，查找触电不安全因素。通过编写《历年人身伤害事故汇编》、《反习惯违章汇编》，分析原因，提出"反措"并落实执行，结合全国安全周、安全月、电力季节性安全大检查、安全评估、安全性评价、每月班组安全活动等，提高员工安全意识，通过每年四月份对《安全规程》，10月份对《运行规程》、《检修工艺规程》的学习考试，以及电工取证，触电紧急救护法的培训取证，执行持证上岗，严格安全检查、督促、考核管理，提高安全技术水平；通过岗位练兵，开展技术问答、事故预想、反事故演习、专题讲座，背画系统图，熟悉设备找系统，千次操作无差错、百次办票无差错等竞赛活动，提高业务技术水平与自我防护能力，将触电事故由事后管理变为事前预防。

2. 提高自我安全防护能力

（1）按规定正确穿戴劳动安全防护用品，使用电气安全用具。如安全帽、劳动防护工作服、外壳绝缘的防水手电、近电报警器等。对绝缘棒、绝缘挡板、绝缘罩、绝缘夹钳、验电器、绝缘手套、橡胶绝缘鞋等，还必须经耐压试验合格后才能使用。

（2）施工前，仔细研究预知作业危险点及其控制措施，认真听取工作负责人讲解工作票上的内容及安全措施所列内容、带电部位和注意事项，在工作负责人带领下进入工作现场，核对设备名称、编号、工作地点等符合工作要求；隔离开关、断路器应断开、接地线应装对位置且挂牢。查接地线、检修设备是否在合格接地线保护范围内；查围栏、警告牌是否符合《电业安全工作规程》要求，6～10kV有关联络设备检修应加装隔板；查停电检修的设备已取下有关控制电源熔丝。

（3）施工中，工作负责人应实施全员、全方位、全过程监护。工作班成员应按检修项目和工艺标准精心检修，严格按规程要求规范自己的现场行为，做到：违反安全规程和安全制度的事不干；没有安全措施或措施不完善不干；停电作业没有验电和挂接地线不干；安全距离不够，任务不清楚不干；作业现场没有工作负责人，怕麻烦、图省事、冒险蛮干的事不干。

（4）施工结束后，应全面清理现场，待所有作业人员离开现场并经三级验收合格后联系办理工作票终结手续，以严防送电时作业现场有人而发生触电事故。

3. 杜绝电气误操作

（1）认真执行《电业安全工作规程》、省公司《两票实施细则》、《反习惯性违章规定》、《操作监护制度》，严格进行操作监护、唱票、复诵、操作打钩检查。操作前，合理安排对应岗位并让熟悉有关操作设备的人员担任监护，接令后操作人按操作票步骤在模拟图板上模拟预演，监护人认真监护，正确后到就地实际操作。操作过程中，做到：注意力集中，不闲谈、不开玩笑、不紧张、不忙乱，每完成一项操作，自下一项操作设备行进时，严密监护操作人的行进方向、方位、路线乃至两人之间的距离，严防误入带电间隔、误登杆塔、误闯带电设备、误动带电设施；监护人做到高声唱票，字字清晰；操作人做到高声复诵，准确无误。每一步操作均按下列步骤进行：①监护人、操作人都要了解本步骤操作的目的；②共同检查设备名称、编号；③检查操作设备的实际分合位置。

（2）严禁带负荷拉合隔离开关。不得随意使用万能锁匙解锁，拉合隔离开关应检查断路器在断开位置；严禁带电装设接地线。断路器、隔离开关断开后，应就地检查实际位置是否已断开，以免回路电源未切断，特别注意隔离开关动静触头有一侧带电情况，装设接地线前必须验电，验电前适用与受验设备相同电压等级的验电器，在带电部位验证可靠后正式进行受验设备验明确无电压，之后立即三相短路接地；严禁带接地线合闸送电。检修后隔离开关保持在断开位置，工器具等物件不得遗留在设备上，合闸送电前认真检查现场接地线已全部拆除，并坚持摇测设备绝缘电阻，严防交接遗漏接地线、接地刀闸而造成带接地线合闸。

（3）操作结束，再次检查操作结果，核对设备位置、开关，并将可能一经操作即送电至检修地点的隔离开关操作机构加锁、挂警告牌，全面落实安全措施。

4. 防止误入带电间隔

（1）严格执行《电业安全工作规程》，认真履行"工作票"、"操作票"制度，做到：开票、办票、许可，操作、监护等安全技术、组织措施不折不扣地落实，在部分停电工作中，工作人员头脑清醒，熟知其允许工作时间、工作地段、停电范围、施工方法、质量要求、邻近带电间隔或带电部位；检修间隔将可能来电地方验电并装设短路接地线。在日常工作中注意养成重视标示牌（警告牌）的习惯，逐步推广使用较成熟的语音提示性警告牌。

（2）把好锁匙管理关。对各开关室、发电机小室、高压设备网门加锁。锁匙分为常用、借用、备用三类。其"借用"不配高压设备网门锁匙，以防值班以外人员开错锁，锁匙的借出严格控制在经批准允许独立巡视高压设备的人员。

（3）进入作业现场时应穿戴个人防护用品，配带近电报警器，工作负责人应向工作人员交待清楚：工作任务，停电范围和有电设备，工作方法和操作步骤，事故预想和防范措施。同时，进行群体作业时，除了每个人落实自己的安全责任外，要求整体负责，互相监督。

5. 加强技术措施

（1）在中性点不接地的低压电网中，在电气设备的金属外壳或构架等接地体之间作良好的连接，即进行保护接地；在三相四线制中性点在接地的低压电网中，将电气设备的金属外壳与电网的零线（变压器中性点）相连接，即保护接零。以防止人身因电气设备绝缘损坏而遭受触电危险。

（2）将电力系统中某一点直接或经特殊设备与地金属连接，如变压器中性点接地或经消弧线圈接地，即工作接地，以降低人体的接触电压，迅速切断电源，脱离触电危险。

（3）对于触电、防火要求较高的场所，新、改扩建工程的低压配电柜（箱、屏）、动力柜、开关箱、操作台、试验台以及机床、起重机械等机电设备的配电箱、插座，建筑施工场所、临时线路的用电设备，潮湿、高温、金属占有系数大的场所及其他导电良好的场所，手持式电动工具（除Ⅲ类外），移动式生活日用电器（除Ⅲ类外），其他移动式机电设备及触电危险性大的用电设备，均应加装漏电保护器，以防止电气设备和线路等漏电引起的触电事故。

第十三节　人身伤害事故原因及预防

火电厂是技术密集的装置型企业，危险作业多。主设备体积大、笨重；转动机械与高温高压管道多；电气设备带高电压，生产的无形产品"电"能致人于死命，设备复杂。如不对人的不安全行为与物的不安全状态进行有效控制，势必造成人身伤害事故，其结果直接影响企业的经济效益与安全生产目标的实现，甚至影响社会的稳定。因此，应进行火电厂人身伤害事故原因分析并采取预防措施。

一、人身伤害事故原因分析

某厂历年人身伤害事故情况见表 7-2，由表 7-2 可知，84 起事故的伤害形式有机械伤害、起重伤害、触电、烫伤（占78.6％），调查分析造成事故发生的直接原因主要有防护能力差，违章作业，失去监护，安全措施不全，设备工器具缺陷。究其起因，进一步利用人身伤害事故原因分析系统图（见图 7-1）进行细化分析，直至原因便于采取措施为止。

表 7-2　　　　　　　　历年人身伤害分类统计表

伤害分类	年份	1972～1980	1981～1990	1991～2004	分类小计
机械伤害	死亡	1	1	0	
	重伤	3	2	0	28
	轻伤	9	11	2	
起重伤害	死亡	0	0	0	
	重伤	1	1	0	13
	轻伤	8	2	1	

伤害分类	年份	1972~1980	1981~1990	1991~2004	分类小计
触电	死亡	0	1	0	6
	重伤	1	0	0	
	轻伤	2	2	0	
烫伤	死亡	0	0	0	17
	重伤	0	0	0	
	轻伤	8	9	0	
其他	死亡	0	0	0	18
	重伤	0	3	0	
	轻伤	1	10	3	
累计		36	43	5	84

注 该厂1999年后无人身伤害的轻伤以上考核,是福建省标兵企业。

二、预防措施

(一)加强安全管理基础工作

(1)落实以各级行政正职为安全第一责任人的安全生产责任制,明确各类人员的安全职责,各负其职,奖罚分明,对事关重大的问题一把手亲自过问、亲自抓。健全三级安全管理系统,发挥安全网监督作用,各级领导及专职安全员把防人身伤害当作头等大事来抓,做到严抓实管、共同监督,并做好安全检查情况记录。凡严重违反安规的习惯性违章作业,即使是人身未遂事故也将严肃查处,待岗学习3个月经培训考核合格后,才能再上岗,扎扎实实杜绝违章作业、违章指挥、违反劳动纪律的"三违"行为,夯实安全基础。

(2)严格执行《电业安全工作规程》、《电力生产安全工作规定》、《安全生产奖惩规定》、《运行规程》与《检修工艺规程》。坚持安全生产教育培训制度。对新上岗、离岗3个月以上的人员以及实习人员均必须进行三级安全教育,经考试合格后方可上

人身伤害事故
- 安全基础不牢
  - 安全意识薄弱 —— 侥幸、冒险
  - 安全管理不严 —— 安全网不完善 / 监督不力 / 奖惩力度不够 / 安全工器具缺陷
  - 防护能力差 —— 未穿戴防护用品 / 防护设施不完善
- 两票执行不严
  - 无票作业 —— 违章作业 / 违规操作
  - 失去监护 —— 误操作 / 安全监督失控
  - 未履行许可手续 —— 安全措施不全未发现 / 未交待安全事项
- 专业管理不善
  - 安全措施不到位 —— 警告牌漏挂 / 接地线遗漏
  - 安全监督不到位 —— 起吊物下站人 / 高温管道上工作 / 机器运转中工作 / 不验电
  - 安全管理不到位 —— 误触危险部位 / 误入带电间隔 / 使用缺陷器具

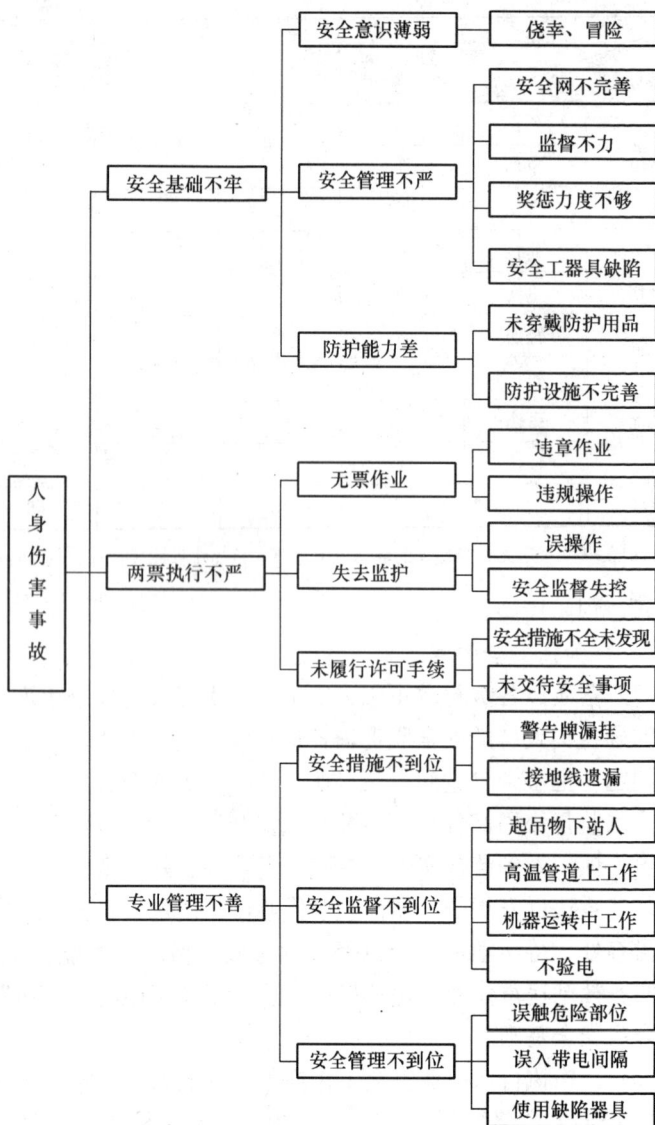

图 7-1　人身伤害事故原因分析系统图

岗。每年举行安全规程、规章制度与现场操作、检修工艺规程方面的学习考试以及工作票签发人、工作负责人、工作许可人、操作监护人培训考试；认真开展季节性、专业性、专题性的安全知识及工作责任心学习；组织反事故演习、季节性安全大检查以及防误操作、反习惯性违章等竞赛、开展安全性评价、危险点控制活动；建立安全教育室，定期组织员工参观；开展"事故追忆"接受事故教训，做到警钟长鸣，以提高各级人员的防人身伤害意识、专业安全技术与实际操作水平，提高伤害异常分析与事故处理的应变能力。

（3）对外来施工队伍做好施工前的安全管理协议的签订，每项工程项目施工前有详细的安全技术措施交底，工作中认真执行监督制度，避免"以包代管"；对使用的临时工应与正式员工一样做好安全教育，并签订安全注意事项交待卡，工作中认真履行监护职责。

（4）进入生产现场工作使用并穿戴好个人安全防护用品。如：佩戴合格安全帽，系好下颏带；电气人员穿绝缘鞋、佩戴近电报警器和正确使用塑料手电筒等。车间防护设施完好无缺，符合安全规定，如：开关网门、机械转动部分的防护罩等；所有楼梯、平台、通道的栏杆和护板保持完整、牢固，管沟、孔洞盖板完好，铁板表面带有防滑纹路。防护设施变动应设置临时安全防护措施，各设备、防护设施有清晰标示，危险场所有醒目警告牌，生产现场安全设施标准化。

（二）严格"两票"执行

（1）禁止无票操作，持票操作前必须预演，操作中监护人员严格履行监护职责，禁止监护人离位或进行其他操作。操作时认真核对被操作设备的名称，编号和现场设备实际状态，确证无误后方可执行操作；严防误入带电间隔、误拉（合）断路器、带负荷拉隔离开关、带电挂（合）接地线（接地刀闸）、带接地线（接地刀闸）合断路器（隔离开关）。严格电气防误装置的使用管理，解锁钥匙由车间统一封存，禁止无故解除防误闭锁装置，运行中如确需使用解锁钥匙，须经值长或调度批准后方能使用。

（2）严禁无工作票或在工作票未办好状态下进行检修工作，执行安全措施的标示牌、接地线无遗漏，检修系统与运行系统可靠隔离，特殊作业（如：带压堵漏、带电作业等）履行特殊作业安全措施卡，对可能存在的危险部位，采取特殊安全措施。严禁任何人未经许可私自扩大检修任务或改变工作票上所列的安全措施。

（3）检修开工前，工作许可人向工作负责人交待安全注意事项，与工作负责人共同到现场检查核对安全措施已正确无误执行，经双方签名后，方能开工。施工前，工作负责人向所有工作班成员交待工作票上安全措施和安全注意事项，检修工作结束，严格履行验收手续。

（三）主要具体措施

1. 防止机械伤害

（1）在靠背轮上、安全罩上、栏杆上、管道上、输煤皮带上或运行设备的轴承上等危险部位严禁行走和站立。检修工作前，作好防止设备转动的安全措施，如切断电源、风源、水源、汽源等，有关阀门、闸板都关闭；使用钻床、砂轮机之前认真检查防护设备是否齐全，严格执行《电业安全工作规程》操作；输煤皮带两侧（或靠通道侧）装设防护栏杆，对较长的皮带，在适当的部位装设通行桥。

（2）对于正在转动的设备，不准装卸、清扫、擦拭及把手伸入栅栏内，也不准从靠背轮和齿轮上取下防护罩；检修作业中使用千斤顶时，不准在摇把上套接管子或用其他方法来加长摇把的长度；使用液压千斤顶时，不准工作人员站在千斤顶安全栓的前面。

（3）皮带滚筒处装有刮煤板，在皮带运行中不准用任何工具清理滚筒粘煤和清理落煤。不准用木棒、铁棍等工具校正运行中的皮带；卸煤沟、储煤场装有音响喇叭，使卸煤工及时知道机车到来，机车在摘钩并离开前，卸煤工不准靠近车辆，作业时上下机车应从铁梯上下，禁止从车上跳下；螺旋卸煤机、桥式起重机的操作室门装设闭锁装置。

（4）进行人工打焦、吹灰时戴好劳保手套和防护面具，适当提高炉膛负压；打焦、吹灰人员应站在打焦孔侧面，看好两旁退路，严禁燃烧不稳时吹灰、打焦。不得将身体压在撬棍上，防止大焦砸在撬棍上时造成伤人；在液态炉内使用风钻和大锤打硬焦块和铁块时，在炉内必须设牢固的安全防护网；打击过程应指定专人监视上部，落渣时提醒躲避，其他人员应站在束腰下部。

（5）拆装内部有弹簧的设备时，防止弹簧弹出伤人，严禁将手插入阀门与阀座之间。如：拆装自动主汽门、调速汽门时，应均匀地放松弹簧；炉膛清灰时，应采取防止落焦砸伤人措施，如：清除炉内高处可能掉落的挂焦时，设立牢固的安全网，并切断风、粉、油、汽来源；严禁用长毛竹来捅挂焦，防止挂焦沿长竹滑下伤人。

（6）高处作业工具放在工具袋或工具套内，使用的手持工具只能用绳子系牢后上下吊送；严禁将工具及材料上下投掷，特殊情况需从空中往地面抛物，地面必须设防护围栏并有专人监护；严禁在脚手架和脚手板上起重、聚集人员或放置超过计算荷重的材料。

2. 防止起重伤害

（1）持证上岗，起重工具按规定期限试验检测合格，各种吊具，钢丝绳、麻绳不合格的决不使用。采用葫芦吊物前，检查各部件及刹车装置的完好灵活，有缺陷的及时修复。

（2）起重作业只许一个负责人进行指挥工作，注意结绳方法，保持吊物重心平稳，防止发生滑脱；起吊时要求工种配合步调一致，正确使用各种起吊工器具，严禁超规范使用起吊设备；起吊机具（包括被吊物）与 1kV 以下带电体的距离应大于1.5m，与 1kV 以上的带电体的距离应在 3～6m 以上。

（3）坚持执行起重机械"十不吊"：①斜向位置不吊；②超载不吊；③散装物装得太满或捆扎不牢不吊；④指挥信号不明不吊；⑤吊物边缘锋利无保护措施不吊；⑥吊物上站人不吊；⑦埋

在地下或夹固在它物中的构件不吊；⑧安全装置失灵不吊；⑨光线阴暗看不清吊物不吊；⑩六级以上强风不吊。

3. 预防触电事故

(1) 所有电气设备的金属外壳均有良好的接地装置，保护接地与接零分开。运行和备用的高压设备网栏以及开关室均上锁，严禁入网栏内检查设备；雷雨天气，需要巡视室外高压设备时，穿绝缘靴，且不得靠近避雷针和避雷器；高压设备发生接地时，室外进入故障点 8m 以内（室内 4m）范围，须穿绝缘靴，接触设备外壳和构架时，应戴绝缘手套；湿手不准摸触电灯开关及其他非安全电压的电气设备。在室内或室外高压配电装置上使用的梯子应为非金属材料所制，搬动梯子、铁件等长物，应放倒两人搬运，并与带电体保持不少于 3m 的安全距离。

(2) 生产现场检修电源或临时使用的手动电气工具，均加装漏电保护器和保护接地。电流型漏电保护器额定漏电动作电流不得大于 30mA，动作时间不大于 0.1s，电压型漏电保护器的额定漏电动作电压不大于 36V，否则应戴绝缘手套，穿绝缘鞋或站在绝缘垫上。电动工具使用前必须检查电源线及插头完好、无破损。严禁提着电气工具的导线或转动部分行走、电源线接触热体或放在湿地上、栏杆上，架空高度应高于 2m。移动式电动工具及其开关板（箱）的电源线单相的采用三芯橡皮扩套软线；三相电源线采用四芯橡皮绝缘护套软线；行灯变压器或开关板（箱）的一次侧电源线为 3m 以内的绝缘护套线；变压器一、二次侧插头禁止互插。

(3) 严防误入带电间隔。作业前认真核对作业地点的设备名称、编号与工作票相符，修试间隔挂"在此工作"标示牌，其他柜门锁死；严防带负荷拉（合）隔离开关。按操作程序操作，严禁随意使用万能钥匙解锁，操作前认真核对设备名称与编号是否与操作票相符，并检查断路器在断开位置；严防带电挂（合）接地线（接地刀闸）。按规定验电，确无电压后方可装设接地线；严防操作中隔离开关瓷柱折断引起对人放电。戴好安全帽，操作前及时检查设备，有疑问马上中止操作，且操作人、监护人尽量避开长引线相支柱；严防熔断器更换时触电或电弧灼伤。穿长袖衣服，戴绝缘手套和护目镜；严防使用受潮操作杆造成人身感电。操作杆定期测试耐压合格，妥善存放，不得沿地平放、受潮、绝缘降低；严防摇测绝缘时试验电压感电引发击伤。试验用的导线使用绝缘护套线，作业人员手持绝缘杆触试被试件。

4. 防止热源烫伤

（1）在防爆门、安全门、汽包和压力容器水位计、高压加热器紧急放水井、疏水口、高温高压阀门、法兰等热体或带压部件处严禁长时间停留，锅炉发生炉渣析铁流铁水时，不得在渣船、渣口、炉底处停留；对渣床、渣井进行堵焦处理时注意防止渣口流渣而发生烫伤；液态锅炉清灰时避免在热灰上行走，只能站在设置的踏板上，进炉清灰必须穿高温劳保鞋；停炉冷却确需向堆灰洒水时，必须在炉膛外侧采用少量多次的办法，防止灰爆伤人。

（2）设备及管道内外壁金属温度应低于100℃。当金属温度还在100℃左右需检修时，管道各疏水出口处应有必要的保护遮盖装置，放尽存水，注意防止放疏水时烫伤人。须拧松管道法兰盘螺丝时，先把法兰盘上离身体远的一半螺丝松开，再拧松离身体近的一半螺丝。

第十四节　防范火灾事故

火力发电生产过程中需使用大量的可燃、易燃物质，如燃油（煤）、氢气、电缆、绝缘油、润滑油及乙炔气和化学易燃物品，而且使用中的环境条件较差，容易引起着火的因素多，若控制措施不当或扑救不及时，一旦发展成火灾，后果将不堪设想，运行人员应积极采取切实可行的防范火灾事故措施。

一、加强运行防火管理

（1）运行人员熟悉本岗位的消防特点及所管辖范围内的易燃

易爆品特性，熟知现场灭火器配置的位置、数量，灭火器的使用方法及紧急情况时的安全通道。严格执行《消防法》、《电力设备典型消防规程》及厂有关防火安全规定。保证有一定数量的义务消防员，定期参加训练、考核、取证。

（2）氢区、油系统、蓄电池室、电缆桥架等重点防火部位应禁止烟火，保持重点防火部位无明显油污和可燃物，禁止违章堆放易燃易爆物品。如需明火作业必须办理动火工作票，并做好可靠的安全措施。

（3）运行控制室内严禁擅自使用未经许可的用电器（特别是未经许可的取暖设备），室内有电器运行时最少应有一人在场，严禁将衣物等易燃品直接覆盖在取暖器等热源上，严禁随手乱扔、乱塞烟头等火源，严禁电器设备使用时超载运行。

（4）防火重点部位的设备漏油、漏粉，按重大缺陷对待，尽可能地创造条件做好隔绝措施，立即联系处理，及时消除可燃物。漏油点靠近热源时预先充分做好灭火准备，电缆上积粉、积油及时清除干净，热源体严禁靠近或接触电缆。高温管道保温层应无破损，管道上无杂物，严防高温管道接触易燃品引起火灾。

（5）定期消防水系统母管排污和试水试验，消防水系统水压正常，现场消防器材充足、可靠，进行定置管理，严格岗位交接班时将消防器材作为一项主要内容对口交接，发现过期的消防器材及时联系更换并做好记录。

（6）出现火警火情时，首先切断火源和电源，然后正确使用灭火器灭火，同时立即打厂火警电话和报告相关领导，视情况报119火警。

二、落实具体运行防火措施

1. 防止电气设备火灾事故

（1）电气充油设备防火设施齐全、完好，电缆层火灾报警装置检查试验正常。各岗位在值班期间对本岗位管辖的设备检查不少于两次，班中要进行一次全面详细地检查，发现设备漏油、漏电、接头发热、放电等火灾隐患及时联系处理。

（2）控制室、开关室等电缆层的门上锁，电缆室内禁放杂物，各电缆孔洞隔堵严密，电缆室内的积粉、积油应及时消除，禁止热源体靠近电缆，禁止搬动或机械打伤电缆，严防绝缘损坏引起短路起火。蓄电池室内禁止有明火现象，接线无松动，室内保持空气流通，各开关室排气装置应正确投入。

（3）各控制、信号、保护、动力等电源保险配备符合要求，禁止使用铜、铁丝、铝线以及非标准熔断器代替熔丝，电气设备严禁长期过载运行，接临时电源应符合防火和人身安全要求。

（4）一旦电气场所发生火灾，立即人为切断相应的电源、油源，并使用与着火物相应的灭火器进行扑救，同时注意与周围带电体保持足够的安全距离，上报有关领导和消防部门。凡进行电缆等有害物着火扑救时应佩戴正压式呼吸器，在开关室内应注意避开烟气，以防中毒。

2. 防止燃油系统着火事故

（1）加强对燃油管道、油管沟、油枪平台、升压泵、氢油泵站等重点防火部位进行认真的巡回检查，发现腐蚀、漏油等缺陷及时联系检修部门处理。

（2）在锅炉点火及停炉过程中应注意防止油枪误投入或漏油引起炉膛爆炸及尾部烟道、电除尘二次燃烧。当燃油系统需明火作业时，必须将工作现场的积油、积粉等可燃物清除干净，燃油系统吹扫干净，关严有关阀门，做好隔绝措施并办理动火手续后方可进行。

（3）燃油管道及阀门要有完整的保温层，当周围空气温度在25℃时保温层表面不超过 35℃。油管道、阀门、法兰附近的高温管道保温层应包裹铁皮，防止燃油喷漏到高温管道引起着火。

（4）发现锅炉尾部烟道、电除尘二次燃烧时，立即切断供油系统，并将引、送风机停运，严密关闭各风门、挡板。向锅炉尾部烟道充入蒸汽灭火。尾部烟道各段温度正常并检查锅炉设备无异常后，方可启动引风机通风 10min，对锅炉重新点火。

（5）采用机械雾化的燃油锅炉，必须装设可靠的止回门以防止压力油窜入蒸汽系统；蒸汽吹扫管道的疏水门必须是正式管路，将油、疏水排放到安全地点。靠近机械雾化燃油系统附近的高温蒸汽管阀应有完善的保温层，并装设油、汽隔离防火装置。

3. 防止制粉系统着火事故

（1）加强对制粉系统运行的监视调整，根据煤种控制球磨机出口温度。执行原煤斗定期切换、煤粉仓定期降粉和大修停炉前煤粉仓烧空制度；停止制粉系统后充分进行抽粉。要定期清扫制粉系统附近的设备、管道上以及地面上的积粉，直吹式制粉系统一次风管内应避免积粉，以防煤粉自燃引起着火。

（2）要及时消除制粉系统泄漏点，降低粉尘浓度。煤粉仓放粉或清理煤粉时，要采取有效的防止着火爆燃措施，严禁明火作业，防止煤尘爆炸。对防爆门动作后喷出的火焰可能危及人身安全、损坏设备、烧坏设备、烧坏电缆的，要改变动作方向或采取其他隔离措施。

（3）改进煤粉仓的不合理结构并完善保温设施，对煤粉仓内安装时留下的麻坑进行处理，做到四壁光滑，消除死角；对采用钢板结构的煤粉仓，为防止粉仓内壁结露积粉，应进一步完善粉仓外部的保温设施。

（4）对设有螺旋式（或刮板式）输粉机的，要定期启动，防止煤粉长时间在仓内存留，避免输粉机内积粉自燃，防止输粉机各邻炉粉仓输粉时，造成煤粉仓自燃爆炸。

4. 防止汽轮机油系统着火事故

（1）汽轮机机头下部油管漏油时，应及时采取措施，避免油漏至高温管道上，同时联系检修部门消除，当油漏至高温管道上时应将有油的保温层打掉，重新装上保温层并采取有效的隔离措施。

（2）对汽轮机大小修验收，要重点检查机头下的油管法兰盘是否有金属护罩，与油管相交叉的高温管道保温层外部应有铁皮包好。

（3）在汽轮机启动前，应进行全面检查，做好各项开机准备工作，按运行规程的要求启动机组，并注意以下事项：

1）启动低压辅助油泵里，防止油泵长时间空转，若油泵、油封等出现过热及冒烟，及时检查原因，排除异常，防止起火。

2）开机过程中，机组各部位的油压、油温等符合规定要求；轴承、油挡、管道、汽门、油门等严密不漏，发现异常或漏油时及时排除或采取措施后才能投入低速暖机。

3）发电机电刷等处冒火花，应通知有关人员及时消除；氢冷发电机组启动中不允许电刷冒火。

4）注意调整密封油压，确保密封油系统正常工作。

（4）当汽轮发电机组油系统着火时，应用泡沫、干粉灭火器灭火。如火势较大，已威胁机组安全运行时，应迅速停机。油管大量漏油，堵塞漏油无效应立即破坏真空停机处理，停机后打开事故放油门将油放到事故油箱内。

5. 防止氢系统着火事故

（1）氢冷发电机的轴封必须严密，当机内充满氢气时，轴封油不能中断，运行中决不允许氢压大于油压，以防空气进入发电机内或氢气充满汽轮机油系统而引起着火爆炸。

（2）在氢系统 10m 内明火作业时必须办理一级动火票，10～20m 以内动火作业需办理二级动火票，且氢气含量小于 0.4%，否则禁止明火作业。

（3）严格检查氢冷发电机的补氢量，当发现补氢量有异常升高时，应与相关部门仔细找出异常升高的原因，直至消除为止。

（4）氢冷发电机的外部漏氢时，氢气与空气混合，当氢气浓度上升到 3%～7% 时，遇火花即可引起爆炸，由此引起火灾，此时应迅速关闭氢母管来氢门，并用二氧化碳或 1211 灭火器灭火，如果起火范围是发电机密封瓦不严所致，则应迅速降低发电机内部氢压保持低氢压（0.03MPa）运行，并进行灭火。如果火势仍不减，可迅速向发电机内投入二氧化碳或氮气直到火熄灭。

第十五节 防范全厂停电事故

对于大型火电企业来说，全厂停电事故是灾难性事故，除了造成企业自身严重经济损失外，还可能破坏电力系统的运行稳定，甚至导致电网瓦解，而大面积停电又将引起社会不安定，因此防范全厂停电事故意义重大。

一、确保直流系统可靠供电及通信畅通

（1）直流蓄电池配置满足黑启动时全厂直流辅机连续运行 1h 和电气设备的控制、保护、信号及各控制室事故照明电源长时间不中断，各组直流母线运行电压不低于 190V；由直流蓄电池、UPS 可靠供电的厂内电话交换机，至少确保维持 1h 主车间调度机、微波电话、省调微波直通及主控外线电话的通信联系供电。

（2）直流系统有关设备及直流母线严格按规程规定方式运行，各级直流熔断器配置合理，支路熔断器总容量小于上一级总容量，严防越级熔断。遇事故时及时调整直流母线电压，让直流负荷运行稳定，确保自动装置、继电保护可靠动作。

（3）做好直流蓄电池的维护管理，定期进行均衡充电，按时调整每个蓄电池的充电电流，经常保持合格的电压和放电容量。遇大容量直流辅机启动时，岗位间应加强联系，以便及时调整蓄电池的充电电流和直流母线电压。

二、加强运行管理，防范事故发生

（1）防止厂用电中断事故。厂用电母线正常情况下由各自机组的工作电源供电，厂用电保护、厂用备用电源及其自投装置处于良好投入状态，自投装置定检、定期自投试验正常。针对特殊情况（如备用变压器检修）按事先拟定的厂用电备用电源运行方式应急预案合理备用。

（2）严防升压站污闪停电事故。掌握年末、春初污闪的季节性特点，认真巡视检查，重点加强对防污等级不满足绝缘要求的绝缘子、支柱瓷瓶以及未能装设增爬裙的绝缘支柱在夜间及有雾、阴雨天气的观察，及时发现隐患并联系处理；做好升压站设备盐密测试与带电测试工作，各断路器、母线逢停必扫，年末安排一次带电清扫工作，提高除尘器电场投入率、有效率。

（3）防止电缆起火事故。汽轮机油系统漏油应及时处理，油迹应及时擦干，严防油漏到高温热管道上起火，引燃附近的电缆；制粉系统严禁正压吐粉，锅炉本体严禁正压燃烧以及有热风、热灰焦（粉）喷出，以免喷到附近电缆引起火灾；控制室电缆层火灾自动报警、自动灭火系统应定期检查，正常试验。电缆孔洞、电缆夹层孔洞及盘柜的电缆孔洞应采取有效阻燃封堵措施，杜绝电缆起火扩大其火灾范围，引起全厂停电事故。

（4）避免水淹水泵房事故。水泵房设专用电源，供电可靠，排污设备完好，自启停正常；严密监视排污井水位，发现格兰漏水大或喷水，排污泵长时间运行后地沟水位下降较慢时及时联系检查处理，凡排污泵缺陷应退出并检修，增设潜水泵备用；遇下暴雨河床水位猛涨，水质较脏时，运行泵的一次翻板滤网至少每0.5h旋洗一次，连续旋洗时间不少于 15min，并启动《水淹水泵房事故处理应急预案》。

（5）防止灰管堵塞事故。认真做好油隔离泵出口压力与电动机电流每小时两次的检查，注意变化趋势，工作泵缺陷切换备用泵运行。如怀疑灰管有堵时关闭相应的油隔离泵出口门，全开高压冲洗水泵的入口、出口门，全开管道泄压阀，启动高压冲洗水泵，控制压力在额定值对管道进行顶压冲灰。

（6）防患燃油系统断油与着火事故。加强燃油系统有关设备检修维护，定期做好燃油泵低油压联动和备用泵自投试验，以及油库脱水和滤网吹扫等定期工作，做好油库区域及燃油系统的安全保卫和防火工作，燃油系统严防误操作。

（7）预防机组缺水停运事故。确保水处理除盐水制水出力，锅炉各疏水箱、汽轮机各给水箱保持高水位运行。当除盐水制水出力无法满足机组补水要求时，采取有效措施，必要时按供热紧急切除排序表切除供热管线。

三、做好单机运行时的事故防范

（1）投入减温减压站或自用蒸汽系统运行，调整出口压力正常，运行机组单元给水箱、疏水箱保持高水位；严格监控入炉煤灰分与水分，粉仓保持高粉位，投入适量油枪助燃。

（2）设定 1 台炉为紧急备用炉（优先考虑未进行氨保养且容量比较小的锅炉），紧急备用炉油系统保持四角回油，轻油系统投入循环运行，并备足点火把及点火用油，随时具备点火条件。

（3）若由于电气部分或汽轮机部分原因导致运行机组甩负荷时，锅炉应保持运行，故障消失即刻重新开机并网，如故障无法消除，则立即启动紧急备用机组，然后停故障炉；若运行中锅炉被迫停炉，则立即切断非生产用汽，利用余汽保证除氧器及轴封供汽，同时进行燃油大循环和紧急备用炉点火。

四、启动黑启动预案，正确进行脱网事故处理

1. 把好黑启动处理原则

（1）当电网崩溃事故造成发供电设备脱网时，先维持有自带厂用电能力的机组的稳定运行，迅速恢复已停电的厂用母线供电，维持未带厂用电运行机组的空转运行，对厂用电中断且短时无法恢复的机组紧急停机。

（2）如脱网且厂用电全部中断，立即向省调、地调、市调取得联系，并做好等待外部倒送电的准备。

2. 严格黑启动注意事项

（1）现场配备足够的临时照明工具，如应急灯等。

（2）针对各机组自带厂用电运行时形成多个独立系统，切换厂用电时严防非同期并列。同时，为保证频率、电压的稳定，尽可能避免频繁启停辅机。

（3）厂用电中断后，交流热工电源全部中断，热力系统迅速采取手动操作。

（4）做好事故预想，特别注意防止锅炉干锅、汽轮机超速、汽轮机断油烧瓦、给水泵烧瓦、汽轮机倒汽、燃油系统堵管等事故发生。

（5）紧急停运锅炉应避免开向空排汽，保持锅炉正常参数运行，留有足够的蒸汽维持锅炉燃油系统吹扫和汽机轴封供汽，全面关闭对外供汽。

（6）紧急停运的机组保持直流润滑油泵运行，手动盘车，视直流母线电压下降速度在汽轮机惰走结束后，改直流润滑油泵间断运行。

3. 正确实施黑启动程序

（1）当电网崩溃事故发生后，根据事故现象、保护动作情况，准确判断事故的全面情况。

（2）立即切断厂与系统的一次设备联络，迅速检查各路断路器是否断开，否则应手动断开，只保留省调确定能快速启动的就近水电机组联络线，等待送电。

（3）一旦系统母线电压恢复正常，迅速向厂用电系统送电。

（4）厂用电系统恢复后油库和锅炉值班人员迅速恢复燃油系统运行，原运行的锅炉立即重新点火启动。

（5）各跳闸机组重新开机并网后，积极参加电网的调频、调压工作。

第十六节　安全文化建设

安全生产是一项系统工程，如何保证企业安全生产，如果仅仅就事论事抓员工安全教育、治理设备缺陷、消除现场事故隐患是远远不够的。必须从根本上着手，从企业的基础工作抓起，把企业的安全生产工作上升为安全文化建设，让全体员工成为有文化、有责任心、立足岗位、安全意识强、遵章守纪、技术好的文化人。

一、企业安全文化

安全文化一词源于 1986 年，在由国际原子能机构召开的"切尔诺贝利核电站事故评审会"上提出，强调所有核电站都必须建立核安全文化。我国于 1994 年初，国务院核应急办公室等单位组织了跨学科的首次"安全文化研讨会"，之后安全文化的研究与应用在我国各行各业推广。安全文化是企业稳定发展与生存的基石，是人的意识在企业安全方面的反映，它是包含企业员工共同的十分广义的安全理念、目标、思想、价值观、作业行为等的一种复合行为。主要内容如下：

（1）人们相互影响的企业安全理念。如"心存侥幸是万祸之源"，"安全是生命之魂，生存之本"，"平安是福，隐患是祸"，"珍惜生命，勿忘安全"等。

（2）企业预定的安全目标值。如"年内实现三个百日无事故、连续安全两百天"，"企业控制设备一般事故与人身重伤事故；车间控制设备障碍与人身轻伤；班组控制设备异常与人身未遂；个人控制差错与三不伤害"等。

（3）企业内部共同遵守的安全制度与标准。如"百日无事故安全奖惩制度"，"两票三制"、"缺陷管理制度"等。

（4）指导企业各项安全工作的方针、政策、法规。如"安全第一，预防为主"的方针、《电业安全工作规程》、《电力生产安全工作规定》、《安全生产法》等。

（5）企业中长期遵循的策略规范，同时也是新进厂员工必须学习的已成为在企业安全工作中所具备的规则。如三级安全教育，"四不放过"原则等。

（6）建立企业内部重视安全、我要安全、我懂安全、我会安全工作的一种人际氛围，形成员工相互影响的安全生产方式。如进行安全宣传、安全培训、安全激励、安全考核等。

上述内容中的任何一项都不能独立代表一种企业安全文化，只有把它们放在一起，才能反映出企业安全文化的概念。

二、企业安全文化建设的必要性

（1）安全工作的需要。突出人的主导作用，强调以人为本，不断提高员工的安全意识，引导与规范安全行为，提高安全工作水平，是企业安全文化的核心。它有利于增强安全工作的自觉性。

（2）预防事故的需要。强调事故预知与应急，通过教育培训，提高人的安全素质，是企业安全文化的精髓。它有利于更准确地预知事故，掌握预防事故的能力，培养员工好的心理素质与对突发事故正确处理的应变能力，达到控制事故，减少事故损失的目的。

（3）员工素质提高的需要。强调多种形式的文化教育，提高安全文化水平与安全科学技术，是企业安全文化的灵魂，它有利于员工整体综合素质的提高。

三、企业安全文化建设

（一）营造安全文化氛围

健全与完善安全生产保证体系并发挥作用，建立以"心存侥幸，万祸之源"安全警句为中心的安全理念识别系统。除了企业报刊、电视新闻、宣传栏形式大力宣传安全工作与组织定期安全日、安全月活动外，积极开展演讲、讨论、征文、问卷等经常性的系列安全活动，通过给生产一线亲人写信（发 Email）、吹风等员工及家属喜闻乐见的形式，让家属也参与到安全系统工程中来；建立以安全标志为主要内容的安全视觉识别系统，规范与完善现场安全标识、警示线、警示牌，设备标志、管道着色、介质流向，以及安全防护图形、安全宣传画等，使安全标志规范化、设施标准化。同时，布置安全展览厅，以图文并茂的形式悬挂展示本企业历年来发生的人为责任事故（习惯性违章、误操作、触电等）、典型设备事故（二十五项反措中的设备事故等）的事故简况、事故原因，以史为鉴；建立以反"三违"为重点的安全行为识别系统，规范作业行为，加大生产现场的监督检查与反习惯性违章力度，以曝光、考核不安全行为、公布安监人员现场走动日记等形式，举一反三，使更多员工受到教育，告别违章行为；坚持按少而精、实用、必要为原则建立健全企业安全规章制度和下达有关安全文件。努力营造人人、事事、时时讲安全，我要安全、我懂安全、我会安全，人人尽责，确保安全的浓厚安全氛围，加强"以文铸魂、以文塑形、以文育人、以文兴企"的安全文化建设。

（二）全面提高员工安全文化素质

（1）安全意识提高。认真贯彻落实安全电视电话会议精神，及时组织学习《事故通报》及企业《安全简报》，对上一年本单位范围内发生的异常未遂及以上不安全现象进行追忆、反思并总结经验教训，对照事故教训查违章、查隐患、查管理漏洞，制定措施抓整改，居安思危，警钟长鸣。紧紧抓住"以人为本，安全第一"为主题的全国安全月和以"我安康，我快乐"为主题的"安康杯"安全生产竞赛活动，努力实现预定安全目标；充分利用企业舆论工具，强化安全宣传力度，不断灌输企业安全文化建设中形成的安全理念、目标、思想、价值观，使员工牢固树立"安全第一"的思想。

（2）熟悉安全知识。聘请专家制定安全培训课程，举办专题培训班；特邀安全先进典型传授安全工作经验。结合安全日活动学习安全规程、文件、简报、事故通报和上级安全工作指示，并进行讨论；结合规程实质，学习他人经验，找出差距；结合本部门发生的不安全情况，分析原因，制定防范措施；结合安全月活动，开展"安规"及"三种人"辅导考试；组织安全工作检查，查领导、查思想、查管理、查制度、查纪律、查隐患，查事故处理，对不足落实整改考核，让员工在学习与工作实践中熟悉和掌握安全工作规定。

（3）掌握安全技术与相关业务知识。以企业自我培训为主，辅以派员参加技术院校的安全技术课程学习与相关业务知识培训。对"两票三制"、"安全规程"、"运行规程"、"检修工艺规程"的学习做到阶段性、经常性，设备技改一事一培训；订阅安全刊物到班组，专业技术人员选定篇目下达班组组织员工学习，借鉴成功经验用于实际工作中。以师徒合同、上仿真机、技能鉴定、技术表演赛、专题讲座、岗位练兵、现场抽考、事故预想、反事故演习等培训形式，训练掌握专业安全技术与业务技能，提高事故处理的应变与排难能力。

（三）再造企业安全工程

1. 树立安全工作新观念

科学的观念。强调以科学的态度对待安全工作，以科学的理论指导安全实践，以科学的方法进行安全管理。

危害的观念。所有重大事故都会产生极其严重的后果，造成极大的经济损失，并给国家、企业和个人带来不幸，因此必须避免事故，实现安全生产。

需求的观念。企业在追求利润最大化的过程中，需要有一个稳定的安全生产局面，以建立和维护公众认可的良好企业形象，提高市场竞争力，安全是企业稳定发展的基础。

强制的观念。安全生产是党和政府的一贯要求，是社会稳定与经济发展的基础。有关安全生产的法律、法规、规程制度具有强制性与约束力，企业必须落实执行。

实现的观念。应该确信除了不可抗拒的自然灾害外，任何事故都可以预防、预控，只要用科学的方法在安全工作中负重拼搏，就能实现相对稳定的安全局面。

通过宣传、培训活动，大力灌输安全新观念，使安全新观念深入人心，成为员工的潜意识和自觉行动，从而使全体员工深刻领会新观念的内涵，以便全面深入地开展安全工作，创造良好的安全文化环境。

2. 推进现代安全管理

一是吸收系统论理论，充分认识安全管理是一个系统工程，积极发挥整体功能的作用；二是吸收心理学理论，注意研究人的心理素质对安全行为的作用；三是吸收信息论理论，充分发挥信息在安全管理中的作用；四是吸收技术科学理论，强调依靠科技进步来改善劳动保护条件；五是重视以人为本，进行安全全过程控制，把企业的安全生产工作上升为安全文化建设。

3. 安全管理创新

以"设备零缺陷、管理零漏洞、员工零违章、考核零宽容、事故零意外"为目标建立与完善安全规章制度;以《职业安全卫生管理体系试行标准》、《职业安全卫生管理体系规范(OHSAS18001)》、《职业安全卫生管理体系—OHSAS18001指南》的贯标认证为契机,通过体系认证带动安全管理体制上的创新,让安全管理控制程序化,安全工作制度化、标准化,安全设施规范化;推行"安全立体防护"管理模式,将安全生产按职责定位划分为决策、执行、服务、监督、控制、反馈六个体系(六面体),实施中六个体系结合在一起,发挥各自功能,形成人人分兵把手,个个高度警惕,使安全管理工作由被动"预防"转变为主动"控制",打破事后监察和管理的做法,逐级落实责任制,把管"结果"变为管"因素"、管"过程",实现集约式管理的新机制;控制人的不安全行为,注重"危险点预控"并实施危险性教育;控制设备的不安全状态,注重以"安全性评价"对照标准找差距并落实整改或技改。在具体安全工作中应做到以下几点。

(1)落实安全责任制。建立第一责任人追究制度,把企业安全工作细化到各级各类人员身上。企业安全生产第一责任人做到:思想到位、责任到位、工作到位,在安全带有方向性的事情亲自过问、亲自抓;落实安全责任目标,将安全生产作为否决指标纳入各车间、职能部室一把手的任期目标责任制中,坚持谁主管,谁负责的原则,杜绝"以包代管";坚持安全生产奖惩制与事故责任追究制相结合,推行文明员工、一流班组、一流企业评比与安全生产挂钩,实施一票否决权;对发生违章行为的员工,不管是什么人,坚决按制度规定处罚;坚持对员工个人实行安全风险抵押金制度,对车间、班组实施签定安全责任书的包保责任制,对岗位实行持证上岗制度,将安全指标层层分解,做到压力到位、责任到人。

(2)落实监督检查到位。认真做好春、秋季安全大检查和安全月活动。在全面进入查设备隐患、安全设施、安全工器具前,由班组自查、生产车间组织技术管理人员互查、厂部在互查基础上组织安监员、专工分片全面查。各级领导和管理人员"五到现场"：复杂操作或大型作业到现场、大型作业安全检查措施的制定到现场、事故调查与处理到现场、复杂的或新开展的带电作业到现场、检查工作必须到生产现场或作业现场。确保安全检查质量，及时发现隐患并落实整改或安排技改。坚持"四不放过"：对一年中上级检查提出的问题不放过，对在考核中提出受到批评的问题不放过，对一年中所发生的事故、障碍和异常不放过，对系统内发生事故应吸取的教训不放过。安监人员重心下层，每天下在现场超过 4h，实行走动式管理，使违规违纪一发生就有人管，事故苗头一出现就有人抓，异常情况一露头就有人报。在安全监督检查中，还必须坚持四个转变：一是从一般性的安全检查转变到利用季节性的特点与安全性评价结合起来；二是从单纯注重设备隐患检查转变到检修质量监督与反违章行为监督检查结合起来；三是注重安全表簿记录检查评比转变到运行设备与作业现场动态监督检查结合起来；四是安全监督范围从单纯依靠本企业安全监督网转变到把本企业安全监督网与施工单位安全监督人员结合起来，落实检查监督到位。

（3）推进安全科技进步。通过新技术、新产品、新材料、新工艺、新方法，解决影响安全生产技术的难题，及时发现设备潜在的缺陷和消除危及人身安全隐患，安全资金保证有一定投入。对设备管理实施点检定修制，逐步过渡到状态检修制，实行设备全过程控制，确保检修质量，提高设备健康水平；综合分析设备系统、安全措施、作业环境、生产管理等方面的各种危险因素，对可能发生的事故隐患依照格雷厄姆评估法进行检查评估，确定其危险性程度等级，及时组织治理整改；对影响安全生产的关键与薄弱环节组建 QC 小组攻关，对设备老化、超期服役问题，摸索磨损、老化规律，进行寿命管理，逐步预以更换，力争设备本质安全化。

参 考 文 献

1　刘东杰．安全立体防护．北京：中国电力出版社，1998

2　陈积民主编．电力安全生产．北京：中国电力出版社，1999

3　华东电业管理局．发供电企业班组安全管理培训教材．北京：中国电力
　　出版社，1997

4　山西省电力公司．电气安全工器具．北京：中国电力出版社，2004

5　国家电网公司．国家电网公司安全工器具管理规定（试行）．北京：中
　　国电力出版社，2006

6　江苏省电力公司．优良行为习惯养成与电网安全稳定运行．北京：中国
　　电力出版社，2005

7　本书编写组．电力企业现代安全管理知识．沈阳：白山出版社，1995